中等职业教育**物联网**专业系列教材

物联网设备安装与调试

WULIANWANG SHEBEI ANZHUANG YU TIAOSHI

主　编　郭　建　李　浪

副主编　罗文明　黄　强　王　强　高兴宏

参　编　安俊宇　胡　杰　杨　达　胡立山

欧浩源　邓光婷　敬　勇　何永军

主　审　龙天才　周丽娟

重庆大学出版社

图书在版编目（CIP）数据

物联网设备安装与调试/ 郭建，李浪主编. --重庆：重庆大学出版社，2025.1. -- ISBN 978-7-5689-4740-4

Ⅰ.TP393.4；TP18

中国国家版本馆CIP数据核字第2024SZ2575号

中等职业教育物联网专业系列教材

物联网设备安装与调试

主　编　郭　建　李　浪

责任编辑：章　可　　版式设计：章　可

责任校对：王　倩　　责任印制：赵　晟

*

重庆大学出版社出版发行

出版人：陈晓阳

社址：重庆市沙坪坝区大学城西路21号

邮编：401331

电话：（023）88617190　88617185（中小学）

传真：（023）88617186　88617166

网址：http：//www.cqup.com.cn

邮箱：fxk@cqup.com.cn（营销中心）

全国新华书店经销

重庆永驰印务有限公司印刷

*

开本：787mm×1092mm　1/16　印张：13.00　字数：259千

2025年1月第1版　2025年1月第1次印刷

ISBN 978-7-5689-4740-4　定价：54.00元

前言

preface

国家在2024年的《政府工作报告》中提出了“人工智能+”行动，着力推动新质生产力发展,标志着新质生产力发展日益成为推动社会进步的重要力量。物联网技术作为新一代信息技术的重要组成部分，几乎涵盖所有领域，正以其独特的优势赋能产业数字化转型升级，特别是在智慧农业领域，物联网技术的应用更是为乡村振兴注入了新的活力。培养农牧物联网设备安装、调试、维护类人才已势在必行。中职学校作为培养初、中级技术技能人才的主阵地，为保证产业发展与人才培养的紧密对接，编者联合企业专家和高校专家，结合多年教学与工程实践经验，编写了本书。

本书编写特色如下：

1.融通岗课赛证要求，培养工程思维与创新思维

本书聚焦农牧物联网设备安装与调试职业岗位需求，融通初、中级物联网安装调试员，中职物联网技术技能大赛，“1+X”物联网设备安装调试与运维职业技能等级证书考试以及模块化课程改革的要求，将行业发展的新知识、新技术、新工艺、新方法有机融入教学内容。教材通过项目实践、案例分析等方式，使学生在实践行动中掌握物联网设备的安装与调试技能，并引导学生从系统的角度思考问题，掌握物联网设备安装与调试的基本原理和方法，鼓励学生敢于创新，勇于尝试新的技术和方法，培养学生的工程思维和创新思维。

2.突出以学习为中心，将学生职业能力发展贯穿始终

本书在内容设计上突出以学生为中心，在任务描述、任务要求、导学小阅读、任务准备、任务实施、任务小结、任务拓展等多个环节都注重发挥学生的学习主体作用，同时注重发挥教师的组织、引导、督促作用，激发学生的学习兴趣与学习潜力。本书通过各个“做学一体”的项目（任务）实施，培养学生的学习能力、动手实践能力、沟通与协作能力、创新能力、解决问题的能力、项目管理能力以及跨界整合能力等职业发展的关键能力，树立并强化学生的安全意识、规范意识、责任意识、环保意识，同时培养学生的工匠精神、劳动精神、科学精神，提升学生的综合职业能力与职业素养，全方位服务学生职业发展。

3.多元学习评估，综合考查学生的职业社会能力

为促进学习者职业能力的培养，本书综合采用教师、小组、学生、企业导师、客户五元主体的学习评估方式，如通过课程导学，系统设备检测、安装、配置、功能调试与故障排查，系统云平台效果展示与项目验收等对学生习得的专业知识和技能进行评估，通过任务实施过程中的沟通交流、团队协助、分析解决问题的情况，综合考查学生的职业社会能力。

4.以数字化立体资源为辅助，助推教学改革与创新

本书以“数字化”助力新一代电子信息类专业的教学升级，满足中职学校学生多样化的学习需求。本书配备丰富的PPT、单元测试、习题、微课视频、AIOT物联网仿真平台、3D智慧猪场养殖场景等数字化立体资源，极大地丰富了教学内容和形式，有效推动“数字化”和“人工智能+”教育新形态，助推教师的教学改革与创新。

5.围绕智慧农牧业应用场景，培育数字农牧工匠

本书紧密围绕智慧农牧业实际应用场景，使学生在实践中掌握物联网设备的安装与调试技能。本书通过“导学小阅读”等贯穿“匠心惠民、振兴乡村”的思政主线，激发学生的爱农助农情怀，使其深刻认识到现代农牧业对国计民生的重要性以及物联网技术在农牧业领域的应用价值，激发其对农牧业的热爱和关注，愿意投身农牧业的升级发展事业，为我国的乡村振兴提供技术支持和人才保障。

6.深度校企合作、产教融合，驱动技能人才培养

本书在重庆电子科技职业大学物联网学院专家的指导下，由重庆市荣昌区职业教育中心、荣昌国家级生猪大数据中心（国农（重庆）生猪大数据产业发展有限公司）、北京新大陆时代教育科技有限公司、成都卓物科技有限公司、威海精讯畅通电子科技有限公司等企业协同开发，充分利用企业对产业发展、岗位需求的认知以及对专业技能的把控，同时结合院校教材开发、教学实施的经验，保证本书的适用性与可行性，驱动技能人才培养。

本书以农牧物联网设备安装与调试岗位需求为主线，以实际工作过程为导向，以智慧农业真实项目案例为载体，以具体任务为驱动，重点培养学生关于设备检测与安装、设备配置、设备调试与故障排查、系统项目展示与验收等方

面的知识、技能与素养。本书共有4个项目，参考学时为58学时，各项目的学时建议见下表。

思政主线	项目名称	任务名称	建议学时
一主题 匠心惠民 振兴乡村 二思维 工程思维 创新思维 三精神 工匠精神 劳动精神 科学精神 四意识 安全意识 规范意识 责任意识 环保意识 一情怀 爱农助农	课程导学	课程导学	2
	项目一　蔬菜大棚监测系统设备检测与安装	任务一　蔬菜大棚监测系统感知层设备开箱验收与检测	4
		任务二　蔬菜大棚监测系统传输层设备开箱验收与检测	4
		任务三　蔬菜大棚监测系统设备安装与接线	6
	项目二　水产养殖环境监测系统设备配置	任务一　水产养殖环境监测系统网络层设备配置	6
		任务二　水产养殖环境监测系统感知层设备配置	8
	项目三　农业环境气象监测系统功能调试与故障排查	任务一　农业环境气象监测系统功能调试	6
		任务二　农业环境气象监测系统故障排查	8
	项目四　畜牧养殖系统云平台效果展示与项目验收	任务一　畜牧养殖系统云平台效果展示	6
		任务二　畜牧养殖系统云平台项目验收	8
合计			58

全书由重庆市荣昌区职业教育中心组编，由郭建、李浪任主编，罗文明、黄强、王强、高兴宏任副主编，参与编写的还有重庆市荣昌区职业教育中心安俊宇、胡杰、杨达、胡立山，广东职业技术学院欧浩源，四川省达县职业高级中学邓光婷，成都卓物科技有限公司敬勇、国农（重庆）生猪大数据产业发展有限公司何永军。全书由郭建、李浪、敬勇拟定大纲，郭建、李浪、罗文明统稿，郭建编写课程导学，郭建、黄强、胡杰编写项目一，罗文明、王强、邓光婷、何永军编写项目二，李浪、胡立山、敬勇、杨达编写项目三，李浪、安俊宇、高兴宏、欧浩源编写项目四，全书由成都工业职业技术学院龙天才和重庆电子科技职业技术大学周丽娟审稿。

由于编者水平有限，书中难免有疏漏之处，恳请广大读者批评指正。

编　者

2024年10月

课程导学

同学们，物联网技术已广泛应用于智慧农业、智慧工厂、智慧家居、智慧交通、智慧医疗、智慧城市等各个领域，需要大量的物联网设备安装调试与运行维护的专业技术技能人员。据市场调研机构预测，未来数年物联网市场规模将持续扩大，预计短期年内全球物联网市场规模将达到1.6万亿美元，这将进一步提升对物联网安装调试员的需求。

当前，物联网安装调试员的培训和认证体系正在逐步完善，而未来对人才的要求将会更加专业化、标准化，以符合行业发展需求和企业用人需求。

一、认识物联网安装调试员职业岗位

1.物联网安装调试员职业岗位的定义

物联网安装调试员是指负责物联网系统设备的安装、调试和维护的专业技术人员，其主要职责包括对物联网系统的各个设备进行安装、配置、调试和维护，确保系统的正常运行和稳定性。

2.物联网安装调试员职业岗位的典型工作任务

（1）完成产品和设备检查，以及物联网设备、感知模块、控制模块的质量检测。

（2）组装物联网设备及相关附件，并选择位置进行安装与固定。

（3）完成物联网设备电路连接，实现设备供电。

（4）建立物联网设备与设备、设备与网络的连接，检测连接状态。

（5）调整设备安装距离，优化物联网网络布局。

（6）配置物联网网关和短距离传输模块参数。

（7）预防和解决物联网产品故障和网络系统中的网络瘫痪、中断等事件，确保物联网产品及网络的正常运行。

3.物联网安装调试员职业岗位的就业方向

物联网安装调试员主要面向物联网项目承包商及项目应用的企事业单位，从事物联网项目安装与调试、物联网项目方案设计、物联网项目运行维护、物联网项目售前售后技术服务支持、物联网系统运行维护以及物联网系统架构设计、物联网项目管理与维护等工作。

物联网安装调试员的就业方向主要分为以下几个方面：

（1）设备供应商：物联网设备供应商需要安装调试员负责将其制造的物联网设备安装到客户现场，并确保设备能够正常运行。这些供应商可能专注于某个领域，如智能家居、智能工厂或智能城市等。

（2）系统集成商：物联网系统集成商负责将各种不同供应商的物联网设备整合成一个完整的系统。安装调试员可以协助系统集成商将设备部署到客户现场，并确保各个设备之间的连接和交互正常。

（3）服务提供商：物联网服务提供商为客户提供物联网解决方案和相关服务，如数据分析、远程监控和维护等。安装调试员可以协助服务提供商将设备部署到客户现场，并确保设备的正常运行。

（4）网络运营商：物联网的发展需要稳定可靠的网络支持，因此网络运营商也需要物联网安装调试员部署物联网设备、优化网络连接，并确保网络的质量和稳定性。

（5）自主创业：物联网行业发展迅猛，有机会自主创业。安装调试员可以在积累丰富的经验后，选择自己感兴趣的领域，开设物联网安装调试服务公司。

除了上述就业方向，物联网安装调试员还可以通过继续深造和学习，成为物联网工程师、项目经理等，拓宽自己的职业发展道路。总之，物联网安装调试员的就业前景广阔，有很多发展机会。

4.岗位职业能力与素质要求

行业、企业对物联网安装调试员的知识、能力和素质要求非常全面，包括专业知识、技术能力、问题解决能力、团队合作与沟通能力、质量与服务意识等方面。具体要求如下：

（1）专业知识和技术能力：物联网安装调试员需要具备扎实的物联网基础知识，包括传感器、通信协议、嵌入式系统等相关技术。同时，还需要了解电路原理、网络配置和设备调试等方面的知识。掌握一些编程语言（如C语言、Python等），能够进行简单程序的编写。

（2）设备安装与调试能力：物联网安装调试员需要能够独立完成设备的安装和调试工作，包括按照设计方案进行设备布线、设备部署和设备连接等，能够正确处理设备连接异常的情况，并优化设备性能。

（3）故障排除与维护能力：物联网安装调试员需要具备快速定位故障并进行处理的能力，能够运用相关工具、仪器进行故障诊断，并具备熟练的维修和维护能力。同时，能够根据设备运行状况提出改进和优化方案。

（4）自主解决问题的能力：物联网安装调试员需要具备自主解决问题的能

力，在遇到困难或者新情况时，能够主动思考和研究解决方案，并灵活应对各种复杂情况。

（5）团队合作与沟通能力：物联网安装调试员将会与项目组、客户和其他相关人员配合工作，因此需要具备良好的团队合作与沟通能力，能够有效地与他人合作，协调各方资源，确保项目顺利推进。

（6）时效与压力管理能力：物联网安装调试过程通常存在一定的时效性和压力，需要物联网安装调试员能够合理安排工作时间和管理工作进度，能够妥善应对各种工作压力，确保任务按时完成。

（7）质量意识与服务意识：物联网安装调试员需要具备高度的质量意识和服务意识，对工作结果进行严格把控，确保设备安装和调试的质量。同时，能够主动与客户沟通并提供优质的服务。

（8）持续学习与创新意识：物联网行业发展迅猛，涉及的技术和应用场景不断变化和更新。物联网安装调试员需要具备持续学习和不断创新的意识，能够紧跟行业动态，提升自身能力和水平。

（9）遵规守纪与操守意识：物联网安装调试员需要遵守企业和行业的相关规章制度，具备良好的职业道德和专业操守，维护企业和客户的利益，保证工作安全和信息安全。

总之，行业、企业希望物联网安装调试员能够在工作中具备高度的责任感和积极主动的精神，不断提升自身能力并适应行业发展的需求。

二、课程学习

本书坚持落实立德树人根本任务，遵循职业技能成长规律，基于工作流程按学习由易到难的顺序，从当前现代农牧业典型物联网应用场景中精选蔬菜大棚监控系统设备检测与安装、水产养殖环境监测系统设备配置、农业环境气象监测系统功能调试与故障排查、畜牧养殖系统云平台效果展示与项目验收4个项目。在内容设计上，本书努力做到产教融合创设职场情景，科教融汇讲述理论知识，虚实融通练习专业技能，赛证融通深化岗位技能，课创融通转化专业技能，让学生循序渐进地掌握物联网设备安装与调试岗位的职业技能。

为更好实现课程思政教育，提升学生思想政治素质，本书以“12341”的课程思政教育为主线，有机融入思政教育内容，为课程注入了灵魂。即围绕1个服务“三农”的“匠心惠民、振兴乡村”鲜明思政主题，助力学生构建“工程思维、创新思维”2种思维，塑造“工匠精神、劳动精神、科学精神”3种精神，养成“安全意识、规范意识、责任意识、环保意识”4种意识，树立1种“爱农助农”情怀。

思政主线	课程项目	融入路径	思政载体	思政元素
一主题 匠心惠民 振兴乡村 二思维 工程思维 创新思维 三精神 工匠精神 劳动精神 科学精神 四意识 安全意识 规范意识 责任意识 环保意识 一情怀 爱农助农	项目一 蔬菜大棚监控系统设备检测与安装	①引导性 ②教学实践活动	①大国工匠事迹、“互联网+”竞赛获奖项目 ②在设备检测与安装工程中，对每个环节严格把控，秉持精益求精的态度，团结协作、共同努力，认真完成任务，以确保设备的安装质量和准确性	【国家层面】：精益求精、严格把控、科技创新、农业强国 【社会层面】：团结协作、高效执行、社会责任、服务“三农” 【个人层面】：专注耐心、精益求精、奉献担当、全面发展 【规范意识】：安装质量、性能达标 【安全意识】：用电安全
	项目二 水产养殖环境监测系统设备配置	①案例性：渔业增收 ②教学实践活动	①物联网行业应用领域、竞赛获奖项目 ②在水产养殖环境监测系统的设备配置中，对每个环节精确把控和细致操作，共同努力、多方协作、勤勉敬业，认真完成各项任务以确保监测设备的准确性和可靠性	【国家层面】：精确细致、追求卓越、科技创新、富国富民 【社会层面】：团结协作、共同发展、社会责任、和谐共生 【个人层面】：精准配置、细节把控、精益求精、奉献担当、全面发展 【创新思维】：持续优化、不断创新 【安全意识】：用电安全
	项目三 农业环境气象监测系统功能调试与故障排查	①案例性：行业真实项目 ②教学实践活动	①大国工匠事迹、结合行业真实项目载体 ②在农业环境气象监测系统设备的功能调试过程中，对每个功能精准调试；在故障排查过程中，对每个细节细致分析和耐心排查	【国家层面】：精确调试、确保稳定、科技创新、富国富民 【社会层面】：社会责任与担当、环保意识与可持续发展 【个人层面】：精准调试、细致排查、奉献担当、全面发展 【创新思维】：持续优化、不断创新

续表

思政主线	课程项目	融入路径	思政载体	思政元素
一主题 匠心惠民 振兴乡村 二思维 工程思维 创新思维 三精神 工匠精神 劳动精神 科学精神 四意识 安全意识 规范意识 责任意识 环保意识 一情怀 爱农助农	项目四 畜牧养殖系统云平台效果展示与项目验收	①案例分析、案例视频：智慧农业 ②教学实践活动	①结合行业真实项目载体，应用物联网技术促进农业增收 ②在养殖场环境监控系统云平台效果展示与项目验收中，每一个细节都需要精心打磨，确保展示效果能够准确反映系统的功能和性能。在项目验收过程中，不仅需要对系统进行常规的测试和评估，还需要运用智慧和创新的方法，发现和解决可能出现的问题，以确保系统的稳定性和可靠性	【国家层面】：精确评估、追求卓越、科技创新、富国富民 【社会层面】：协作互助、共同发展、社会责任、服务“三农” 【个人层面】：精确评估、严格把控、科技创新、工程思维 【创新思维】：善于发现、解决问题 【环保意识】：绿色发展

目 录

contents

项目一

蔬菜大棚监测系统设备检测与安装

项目概述

随着科学技术的不断发展，集成了互联网、移动互联网、云计算和物联网等技术的现代化农业正逐步代替传统农业。它依托部署在农业生产现场的各种传感节点（环境温湿度传感器、土壤温湿度传感器、二氧化碳传感器、水质传感器、视频监控等）和通信网络实现农业生产环境的智能感知、智能预警、智能决策、智能控制、专家在线指导等功能，为农业生产提供精准化种植、可视化管理、智能化决策等方案，有效解决传统农业效率不高、效益不强、效能不够、靠天吃饭等问题，实现农民收入和整体农业产能的大幅度提升。

智慧蔬菜大棚，作为现代农业科技的重要载体，通过集成物联网、人工智能、大数据等先进技术，实现对蔬菜生长环境的精准调控，提高农作物产量和品质。其中，实现各类环境参数的监测、控制、远程传输、本地管理和数据处理等功能的智能设备的安装与调试是构建智慧大棚的关键环节。如图1-1所示的蔬菜大棚监测系统就是农业物联网中的典型应用场景。

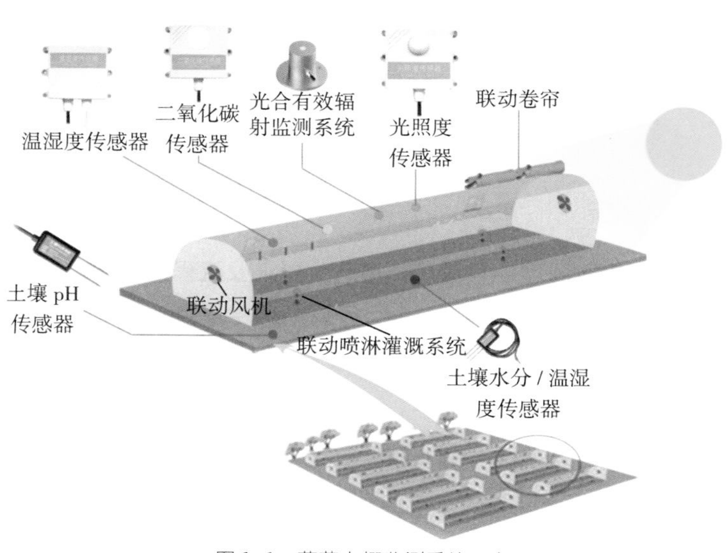

图 1-1　蔬菜大棚监测系统示意图

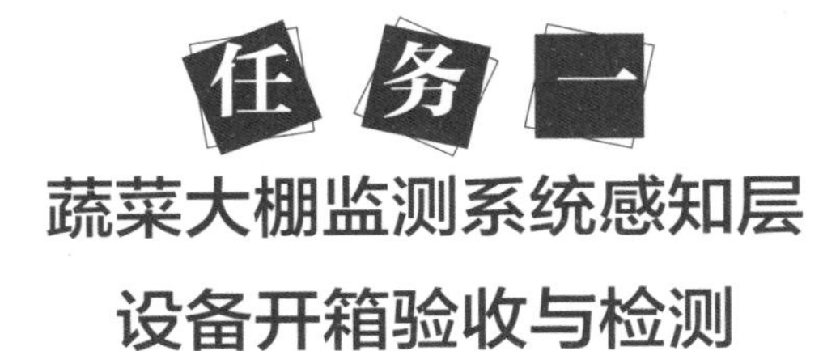

蔬菜大棚监测系统感知层设备开箱验收与检测

任务描述

兴农智慧农业公司是一家农产品种植与销售公司。近期，公司正在进行蔬菜大棚智能设备的改造与升级，在收到采购的蔬菜大棚监测系统感知层设备后，小李作为公司技术人员，被公司安排对采购设备进行开箱验收和检测，以确保采购的设备数量齐全、包装与外观完好无损、质量合格、性能稳定，为后续系统正常运行提供有力保障。

任务要求

◎ 验收与检测过程中应严格按照设备说明书或操作手册进行操作，确保操作正确、规范。

◎ 对于发现的问题或异常情况，应及时记录并上报，与供应商沟通解决。

◎ 验收与检测过程中应注意安全，避免对人员或设备造成损害。

◎ 验收与检测完成后要形成完备的开箱验收记录、设备检测报告、问题汇总与解决方案。

任务目标

知识目标

- 能说出物联网项目设备开箱验收要求及流程；
- 能说出物联网设备常用软、硬件检测工具的使用方法。

能力目标

- 能进行感知层设备的开箱验收工作，并填写开箱验收清单；
- 能正确使用物联网设备检测工具检测感知层设备，并判断设备好坏，填写设备进场检测报告单。

素养目标

- 培养严谨、认真、负责的工作态度，确保设备验收和检测的准确性和可靠性；

- 培养职业安全意识，避免对人员或设备造成损害；
- 培养沟通协调能力，能与供应商沟通并妥善解决验收与检测中的问题。

物联网感知层设备在农业中的应用

老张是一位地地道道的农民，辛勤劳作，靠种植蔬菜养活一家人。老张家里有4个蔬菜大棚。在种植过程中，老张凭经验管理4个蔬菜大棚，比如，出太阳的时候，老张知道大棚内温度升高，会揭开大棚上面的塑料膜，防止棚内温度过高而影响蔬菜的生长。这种凭经验的管理模式不能最大限度地促进蔬菜的生长，提高生产效率。老张的儿子（小张）是一名大学生，大学所读的专业是物联网专业。他通过系统学习，知道了物联网技术在蔬菜大棚中的应用，回家后他就向父亲建议，可以采购一套环境监测系统帮助监测蔬菜大棚的环境，并通过手机或者LED屏进行实时查看，从而实现精确控制。老张采纳了儿子的建议，让小张购买一套蔬菜大棚环境监测系统。从此以后，老张不用完全凭经验种菜，能轻松、精准地实现蔬菜种植，使得产量大幅提升，且品质稳定。

随着物联网技术的不断发展，农业领域越来越多地应用物联网感知层设备。这些设备能够实时监测环境参数，如温度、湿度、光照度、土壤养分等，为农民提供准确的数据支持，帮助他们科学合理地安排农事活动，提高农业生产效益。在本任务中，通过实际操作物联网感知层设备，学生将更加深入地了解其在现代农业中的作用，增强对农业领域的认识和兴趣。

任务准备

一、熟悉物联网项目设备开箱验收流程

1.开箱验收要求

物联网在安装与调试过程中，设备进场后需要先进行开箱检查，符合设计要求和施工

要求后再进行检测、配置、安装、调试、排布。在设备交付现场安装和调试前，通常由项目建设单位、监理单位和承建单位共同按照设备装箱清单和项目相关文件对安装设备的外观质量、数量、文件资料及其与实物的对应情况进行检验、登记。查验后，多方签字见证、移交保管单位保管（保管单位通常为承建单位）。若发现设备有缺陷、缺件，设备及附件与装箱单不符，装箱资料不齐全等情况，应在设备开箱检验记录单上如实做好记录。参加开箱验收的人员均应签字。验收完成后，要求材料供应商按时间要求提供所缺资料或设备，更换不符合要求的设备。进场设备质量应符合下列要求：

①设备型号、规格、参数要求应与招标合同文件技术参数要求一致。

②设备安装环境及使用条件应符合本项目的具体要求。

③设备技术性能、工作参数以及控制要求应满足设计要求。

④外观是否完整、完好，表面无划痕及外力冲击破损。

⑤必须有完整的安装使用说明。

⑥必须有厂家出具的合格证或铭牌。

2.开箱验收流程

开箱验收是对货物的外观质量、数量、规格型号、实物与招标合同文件的技术参数进行对应的检验，开箱前对包装质量先进行验收。开箱验收的主要流程如下：

①检查设备的外包装是否完好，有无破损情况。

②设备开箱，清点设备及附件是否与装箱单相符合，装箱单是否与合同相符合。

③检查设备外形是否完好，接口与工艺设计是否相符合。

④检查装箱资料是否齐全，一般包括设备清单和说明书、设备总图、基础外形图和荷载图、性能曲线、使用维护说明、出厂检验和性能试验记录等。

⑤填写项目设备进场开箱验收单。项目设备进场开箱验收单的格式应根据各行业相关规范、监理单位要求编制。

⑥进场验收完毕后，未进行安装的设备应妥善存放、保管。

开箱验收除了记录开箱检验相关数据，还要拍照记录。通常实施过程和后期的拍照记录文件一同整理，形成照片档案进行存档。一般提供电子档一份、按规定尺寸印刷的纸质版一份。部分工程客户无要求可不进行照片档案编制，但仍需拍照记录，作为工程实施汇报素材。

二、认识常用物联网设备检测工具

1.网络测试仪

网络测试仪通常也称网络诊断工具或网络分析仪，主要适用于测试和调试网络设备。根据不同的测试需求，网络测试仪可以提供不同的测试功能和测试指标，如连接测试、监测网络性能、网络设备管理、网络安全测试等。在物联网系统安装与运维中，网络测试仪主要用于通信双绞线电缆链路通断的测试，是网络检测和网络施工过程中必不可少的工具。

网络测试仪可以对双绞线的线序进行测试，根据测试现象可以判别是否存在错线、短路和开路情况。RJ-45接头的铜片没完全压下时，可能会影响测试结果的准确性。测试方法如下：

步骤1：将网络测试仪的电源打开，确定检测器通电正常。

步骤2：将电源开关关闭，将网线一端接到该测试仪主机的网线接口上，另一端接到测试仪副机的网线接口上，如图1-2所示。

步骤3：打开主机上的电源，细心观察主机和副机两排显示灯上的数字是否同时对称显示。若对称显示，则代表该网线良好；若不对称显示，则表示制作网线头时线芯排列错误；若灯不亮，则代表网线断开；若显示灯微亮，则代表可能存在接触不良。

图 1-2　网线测试连接示意图

2.串口调试工具

串口调试工具中常使用串口调试助手。串口调试助手主要用于和下位机通信（如单片机、485传感器），使用的通信协议就是串口通信协议。打开串口前需要根据串口发过来的信息选择波特率，波特率应根据实际需要选择，要保证收发一致，否则可能收不到数据或者数据为乱码。

串口调试助手有多个版本，支持9 600、19 200和115 200等各种常用波特率及自定义波特率，可以自动识别串口，能设置校验、数据位和停止位，能以ASCII 码或十六进制接收或发送任何数据或字符，可以任意设定自动发送周期，并能将接收的数据保存为文本文件，能发送任意大小的文本文件。

在物联网系统中，将支持串口配置的硬件设备通过接口转换器连接到PC机，就能通过串口调试工具对其进行配置与测试。常用的串口调试工具有sscom32、XCOM V2.0、Uart Assist串口调试助手等。其中，Uart Assist串口调试助手的界面如图1-3所示。无论使用哪种串口调试工具，都需要注意串口参数的配置，特别是COM口和波特率的选择等必须和硬件相匹配。

图 1-3 Uart Assist 串口调试助手的界面

在实际应用中，RS-485或RS-232接口输出的变送器和无线通信的DTU等，通常都可以使用串口调试助手进行检测、配置与调试。

3.网络调试助手测试工具

在进行物联网设备装调时，往往需要对通信网络是否连接成功进行检测，常用的测试软件有网络调试助手、TCP&UDP测试软件等。网络调试助手是集TCP/UDP服务端和客户端于一体的网络调试工具，是网络应用开发及调试常用的专业工具，可以帮助网络应用的设计、开发、测试人员检查所开发的网络应用软硬件的数据收发状况，提高开发的速度，成为TCP/UDP应用的开发助手。其测试界面如图1-4所示。

在使用网络调试助手时，首先需要根据网络连接方式选择TCP或者UDP，再设置设备类型，选择客户端或服务器端，然后设置本机地址、需要连接的远程主机的地址及端口号，最后选择发送和接收的数据格式，设置完成后，单击“连接”按钮。连接成功后就可以进行通信连接的测试了。如果连接失败，则代表网络通信设备存在故障或者网络调试助手中的关键参数设置有误，需要进行故障排查。

图 1-4　网络调试助手的界面

三、了解常用物联网感知层设备及其检测方法

1.数字量传感器及其检测方法

数字量传感器是指将传统的模拟传感器通过AD转换，使之输出信号为数字量（或数字编码）的传感器。数字量传感器内部的主要功能单元有放大器、AD转换器、微处理器（CPU）、存储器、通信接口、温度测试电路等。随着微处理器和传感元件成本的降低，通过人工指令进行高层次操作，自动处理低层次操作的软件系统，可以使传感器设备包含更多智能化功能，能够从环境中获得并处理更多不同的参数。尤其是MEMS（微型机电系统）技术，它使数字量传感器的体积变得非常微小，并且能耗与成本也很低。

数字量传感器的检测方法

通常所说的数字量传感器是指输出信号为TTL电平信号的模块，该类型的模块需要通过MCU读取其信号并转换成测量值输出或显示。为方便集成，往往将数字量传感器通过协议转换，以标准的工业接口输出，如RS-485接口、RS-232接口等。在物联网系统中，通常使用这种具有标准接口输出的传感器设备。RS-485和RS-232接口功能的引脚说明见表1-1。

表 1-1 RS-485 和 RS-232 接口功能

接口名称	功能引脚描述		
RS-232（DB9）	DCD：载波检测；	RXD：数据接收端；	TXD：数据发送端；
	DTR：数据终端准备就绪；	SG：信号地；	DSR：数据准备就绪；
	RTS：请求发送	CTS：清除发送	RI：振铃提示
RS-485	VCC：电源；GND：地；485 A：RS-485 A 端；485 B：RS-485 B 端		

通常使用计算机上的串口调试助手进行通信，测试其能否正常工作。具体的检测方法和流程如下（以RS485温度传感器为例），连接示意图如图1-5所示。

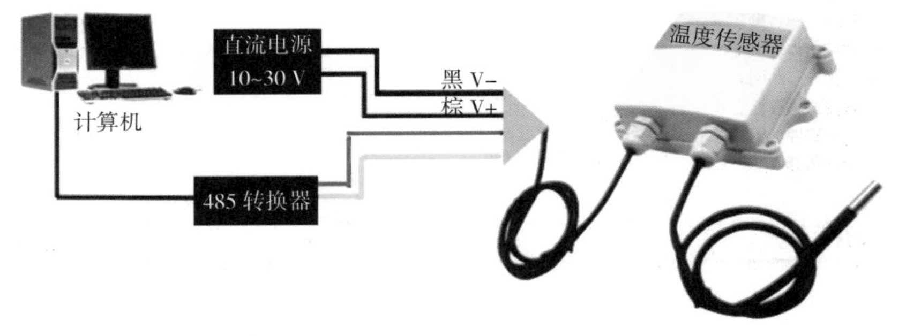

图 1-5 温度传感器连接示意图

①在上电之前，先观察传感器的外观和接口是否完好。

②使用万用表蜂鸣挡测量传感器的电源和接地端，观察是否存在短路现象。如果短路，则说明设备损坏。

③阅读传感器用户手册，按照供电说明为传感器连接电源。开启电源后，观察传感器是否有过热现象。对于带有显示功能和指示灯的传感器，可以观察显示屏和指示灯是否正常。

④关闭电源，断电后将传感器通过转换器与PC机连接，确认连线无误，开启串口调试助手。

⑤开启电源，打开串口调试助手，选择COM口和波特率。

⑥根据用户手册发送读取参数的命令，观察是否有返回值。

⑦改变环境中的传感器测量参数，观察返回值是否发生相应的变化。如果有，说明传感器工作正常。

2.模拟量传感器及其检测方法

模拟量传感器是将感应到的物理量转换为模拟信号输出的一类传感器，发出的是连续信号，用电压、电流、电阻等表示被测参数的大小。模拟量传感器的输出信号形式为模拟信号，其输出的值是所测物理量的模拟电压或电流的大小。

模拟量型传感器按输出方式分为电流型和电压型；按输出接线形式分为两线制、三线制和四线制3种类型，不同类型的信号接线方式不同。

两线制模拟量传感器（变送器）：传感器（变送器）仅用两根导线，这两根线既是电源线，又是信号线。两线制传感器（变送器）一般是电流型（4~20 mA），信号是以电流的形式传输，抗干扰能力比电压输出型更高，如图1–6所示。

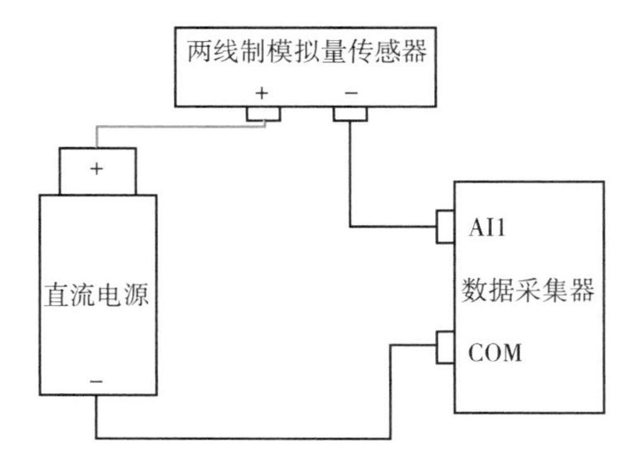

图 1–6　两线制模拟量传感器接线示意图

三线制模拟量传感器（变送器）：传感器（变送器）仅用3根导线，一根是电源线正极，一根是电源线负极，一根是信号线正极，信号线负极与电源线负极共用，如图1–7所示。

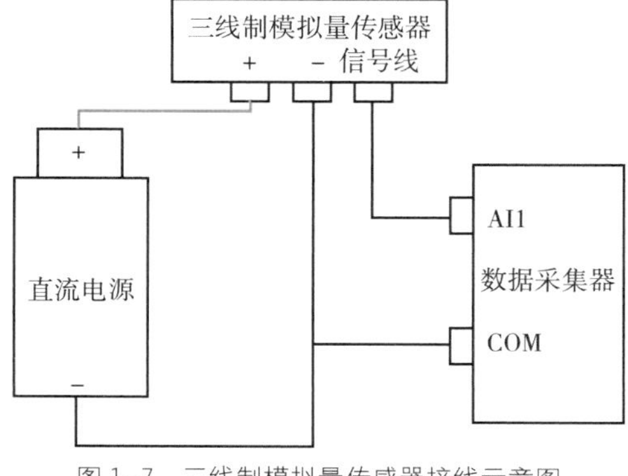

图 1–7　三线制模拟量传感器接线示意图

四线制模拟量传感器：传感器用4根导线，两根是电源线，两根是独立信号线。电流输出型传感器的信号线上传输的是电流值，通常需要将电流信号转换成电压信号才能够被测量设备直接采集使用，如图1-8所示。

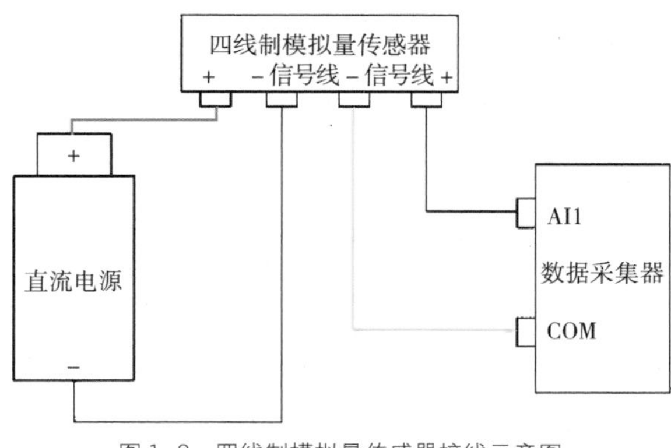

图 1-8　四线制模拟量传感器接线示意图

三线制模拟量传感器（变送器）和四线制模拟量传感器（变送器）既可以是电流型，也可以是电压型，但多为电压型。

模拟量传感器的检测通常可以直接使用万用表，电流输出型传感器使用万用表的电流挡检测，电压输出型传感器则使用电压挡进行检测，具体的检测方法和流程如下：

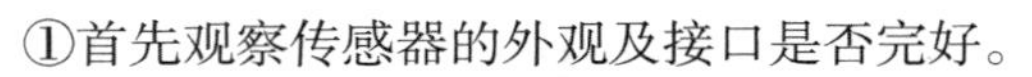

①首先观察传感器的外观及接口是否完好。

②阅读传感器使用说明书，确认传感器引脚线的功能，确保检测时正确连线。

③使用万用表蜂鸣挡分别测量电源线正极和电源线负极，进行通断测试，确保不出现短路情况。

④将传感器的电源端接到供电设备，信号输出端连接到万用表，注意根据输出信号类别选择合适的万用表挡位。

⑤开启电源，观察万用表显示数值，改变传感器检测对象参数，观察万用表的测试结果是否发生相应的变化，如果是，则说明设备工作正常。

3.开关量传感器及其检测方法

开关量传感器输出的是一种开关信号，通常只有两种状态，如开关导通和断开的状态、继电器的闭合和打开的状态、电磁阀的通和断的状态等，主要用于电气控制。开关量传感器一般根据输入信号和输出信号的状态来定义。

根据输入信号定义，如开关量采集器、开关量传感器、开关量变送器就是接受或者采集有序的0和1开关状态，输出所对应的标准信号或者RS485信号，供后端设备采集器使用的传感器。图1-9所示为开关量采集器。

开关量传感器根据接点信号可分为有源开关量传感器和无源开关量传感器。两种不同传感器的检测方法不同。

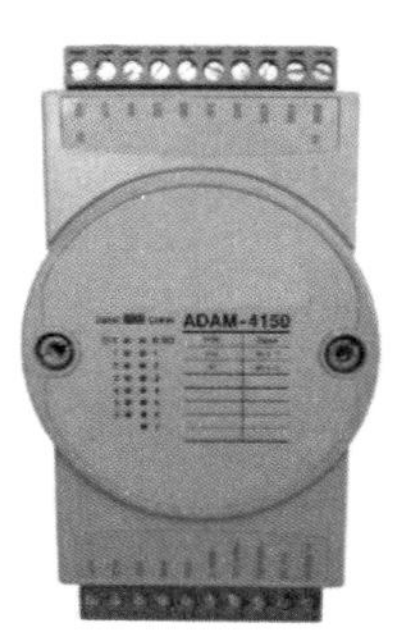

图 1-9　开关量采集器

①有源传感器检测方法：

a.观察现象。一些传感器在通电后，改变检测参数，会出现变化的现象，如指示灯亮灭。

b.利用万用表检测。给传感器通电后，用数字万用表检测信号线电压，参数改变前后，电压值会有所不同。

②无源传感器检测方法：用数字万用表蜂鸣挡进行测量，测量时有一对接点的输出是导通的，其就是常闭点，另外一对是常开点。此时使用万用表蜂鸣挡测常开触点应该是断开的，常闭触点应该是闭合的。改变传感器状态，若传感器的控制电路工作后，常开和常闭的状态与原来相反，则视为正常，反之则代表该传感器损坏。

4.执行设备及其检测方法

物联网系统中的执行设备通常泛指可输出信号或动作至外部的控制器件及能够执行控制指令的被控对象。在实际的物联网系统中，执行设备主要是继电器、警示灯、电机、电动推杆、风扇、加热器、水泵等，如图1-10所示。

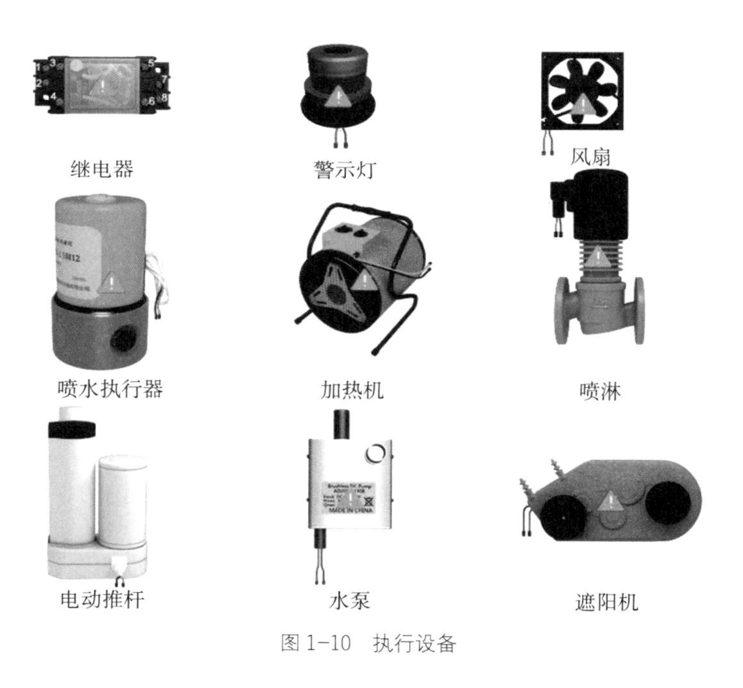

图 1-10　执行设备

在典型的物联网系统中，传感器可以收集信息并路由到控制中心，控制中心根据策略做出决定，将相应的控制命令发送回执行设备执行。下面以常见的执行设备为例介绍其功能、接口及检测方法。

①继电器及检测方法：继电器是我们生活中常用的一种控制设备，通俗意义上来说就是开关，在条件满足的情况下关闭或者开启。继电器是一种电控制器件，是当输入量（激励量）的变化达到规定要求时，在电气输出电路中使被控量发生预定的阶跃变化的一种电器。它具有控制系统（又称输入回路）和被控制系统（又称输出回路）之间的互动关系，通常应用于自动化的控制电路中。继电器实际上是用小电流去控制大电流运作的一种“自动开关”，故在电路中起着自动调节、安全保护、转换电路等作用。

继电器的检测通常采用万用表的蜂鸣器挡检测是否有短路或者断路的情况，具体的检测方法和流程如下：

步骤1：断电情况下检测线圈的阻值，若有阻值说明线圈是好的，阻值通常为几十欧姆至几百欧姆。

步骤2：断电情况下检测常闭触点的阻值，阻值接近0 Ω，说明是好的，阻值为无穷大，说明是坏的，若阻值为几十、几百欧姆，说明触点接触不良，该继电器需要更换。

步骤3：断电情况下检测常开触点的阻值，阻值无穷大，说明是好的，阻值接近0 Ω，说明是坏的。

步骤4：在通电情况下观察，给线圈通电时，响了一声，常开触点变为常闭触点，说明继电器线圈是好的。若常开触点一直是常开，那么线圈是坏的。

②控制对象类执行设备的检测方法：在物联网系统中，常见的作为控制对象的执行设备有电动推杆、警示灯、三色灯、风扇、水泵、加热器等。这些设备通常只有电源接口，因此，进行检测的方式非常简单，即通过给设备供电，观察设备是否正常工作。具体检测方法和流程如下：

步骤1：上电前观察设备外观和接口是否存在问题。

步骤2：使用万用表的通断挡，对设备的供电电源端和接地端进行检测，确认不存在短路的情况。

步骤3：按照设备的使用说明书中的引脚线序说明和供电电压说明，给设备供电，注意供电接线必须准确。

步骤4：开启电源，观察设备是否正常工作。例如，警示灯正常供电后应该会点亮，风扇正常供电后会转动，如果电动推杆的电源端接VCC，接地端接GND，则会正转，反之则会反转。

任务实施

一、蔬菜大棚监测系统感知层设备开箱清点

本任务使用到的蔬菜大棚监测系统感知层设备如图1–11所示。

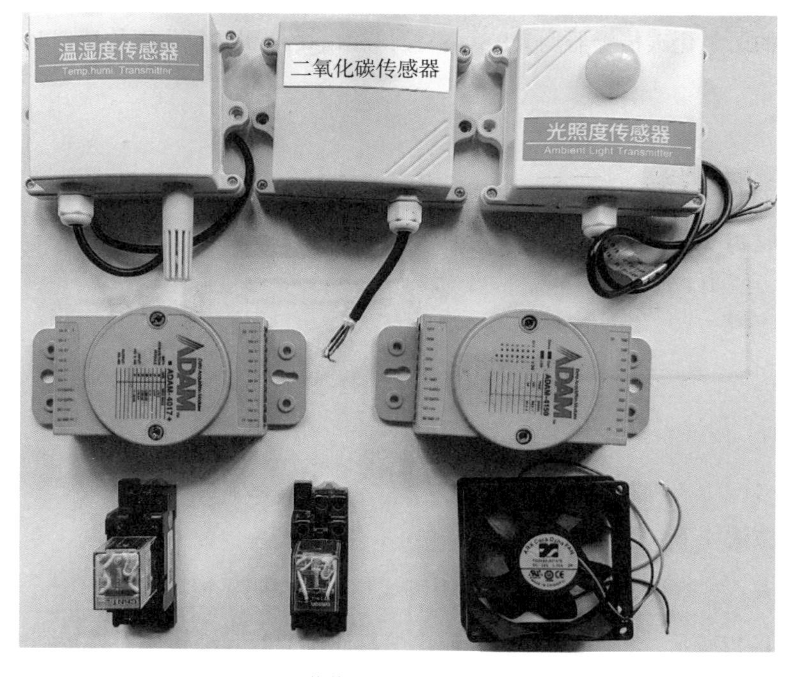

图 1–11　蔬菜大棚监测系统感知层设备

根据图1–11所示的设备，找到设备箱内相应的设备，明确每类设备的名称、数量、品牌、型号，完成蔬菜大棚监测系统感知层设备开箱验收清单（表1–2）的填写。

表 1–2　蔬菜大棚监测系统感知层设备开箱验收清单

序号	设备名称	品牌	规格型号	数量	装箱资料	核对	备注
1							
2							
3							
4							
5							
6							
7							
8							

二、蔬菜大棚监测系统感知层设备检测

请参照“任务准备”中的内容，分别对二氧化碳传感器、光照度传感器、警示灯等设备进行检测，做好检测记录。根据检测情况和现场检测记录，填写设备进场检测验收单。

1.二氧化碳传感器的检测

本任务中的二氧化碳传感器均为RS-485接口输出，检测二氧化碳传感器时的连线方法如图1-12所示。

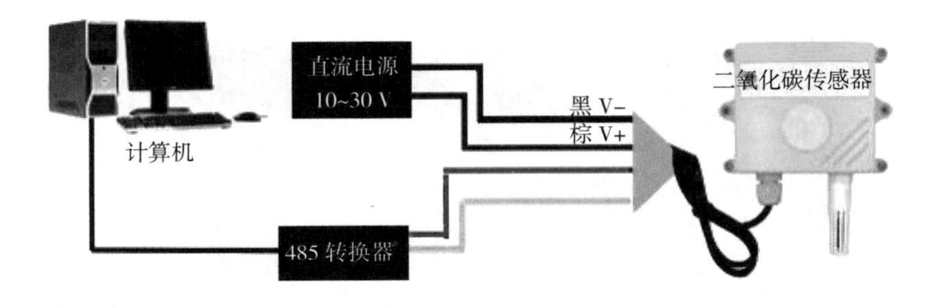

图 1-12　二氧化碳传感器检测连线图

具体检测方法如下：

①外观检查：观察传感器外观和功能引脚线是否存在明显损坏。

②根据图1-12所示，将传感器的485输出端口通过232转485转换器连接到PC机，打开PC机的串口调试助手。

③根据串口转换设备所使用的端口选择串口调试助手的COM口，设置传感器的默认波特率为9 600，选择数据发送和接收的格式为HEX格式，打开串口。

④二氧化碳传感器默认地址为0x01，发送数据读取命令，观察是否有返回值。

⑤改变传感器环境参数，观察返回值中代表监测数据的参数是否发生相应的变化，如果发生变化，说明传感器能够正常工作，反之，则说明传感器可能存在故障或者已经损坏。二氧化碳传感器检测命令及返回值见表1-3。

表 1-3　二氧化碳传感器检测指令及返回值

指令功能	发送指令及功能	应答命令及含义
读取数据	指令：01 03 00 05 00 01 94 0B； 说明：第 1 个字节代表设备的地址，第 2 个字节代表功能码，指令功能为读取二氧化碳浓度	指令：01 03 04 02 92 FF 9B 5A 3D； 说明：返回该命令代表读取数据成功，命令第 1 个字节代表地址，第 4、5 个字节代表二氧化碳浓度值

2.光照度传感器的检测

本任务中的光照度传感器为模拟电流输出，以光照度传感器输出接口四线制为例，可以使用万用表进行检测，检测连接示意图如图1–13所示。

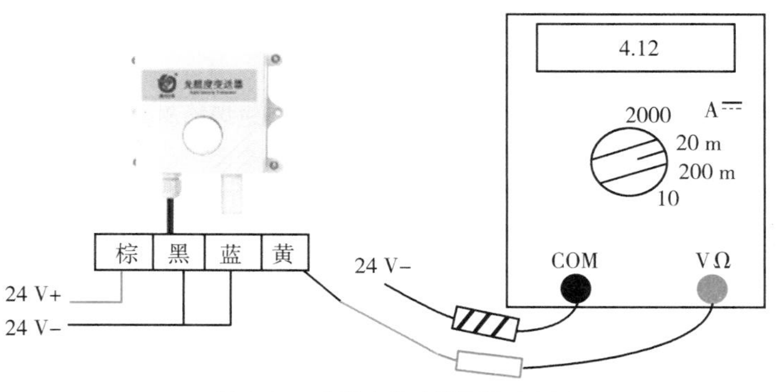

图 1–13 光照度传感器检测示意图

本任务中光照度传感器的输出信号为4~20 mA的电流，将万用表挡位调至20 mA，则可以通过串联测出光照度传感器的输出电流。

检测时，读取万用表的测量结果并将结果记录到表1–4中。随后适当改变环境的光照强度，再观察万用表的电流读数是否发生变化。例如，当光照增强，万用表读取到的电流值应该随之加大，反之，读数值减小，这就说明该光照度传感器能够正常工作。

表 1–4 光照强度与输出电流值的关系

光照度传感器	输出电流值
光强	
光弱	

3.警示灯的检测

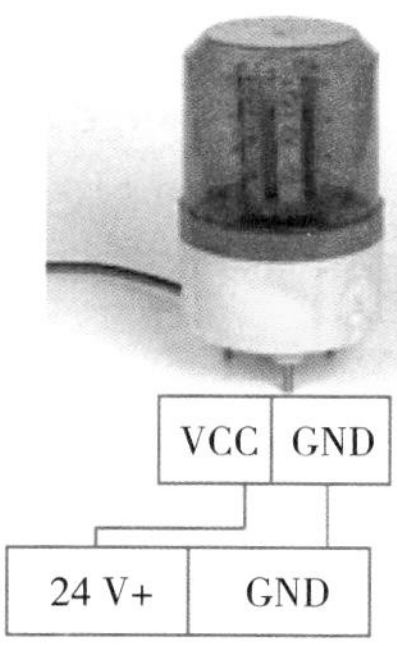

本任务中的警示灯采用24 V直流供电，检测时直接接到电源，连接方式如图1–14所示。

①外观检查：观察报警灯外观是否有破损，连接导线是否有损坏等情况。

②功能检测：接通电源，观察警示灯是否正常点亮，如果正常，则说明设备没有问题；反之，如果警示灯不亮，则说明警示灯损坏，需要进行更换。

图 1–14 警示灯检测连接示意图

三、填写检测验收单

填写蔬菜大棚监测系统感知层设备进场检测验收单（表1-5），对检查项依次核对，若无问题，在对应项打“√”，若有问题，在对应项打“×”，根据检查结果填“合格”或“不合格”。

表 1-5　蔬菜大棚监测系统感知层设备进场检测验收单

<table>
<tr><td colspan="12">合同名称：　　　　　　　　　　　　编号：________</td></tr>
<tr><td colspan="12">设备于______年____月____日到达______施工现场，设备开箱验收情况如下：</td></tr>
<tr><td rowspan="2">序号</td><td rowspan="2">名称</td><td rowspan="2">规格/型号</td><td rowspan="2">数量/单位</td><td colspan="7">检查</td><td rowspan="2">开箱日期</td></tr>
<tr><td>外包装情况（是否良好）</td><td>开箱后设备外观质量（有无磨损、撞击）</td><td>备品备件检查情况</td><td>设备合格证</td><td>产品检验证</td><td>产品说明书</td><td>检查结果</td></tr>
<tr><td>1</td><td>光照度传感器</td><td></td><td></td><td></td><td></td><td></td><td></td><td></td><td></td><td></td><td></td></tr>
<tr><td>2</td><td>温湿度传感器</td><td></td><td></td><td></td><td></td><td></td><td></td><td></td><td></td><td></td><td></td></tr>
<tr><td>3</td><td>二氧化碳传感器</td><td></td><td></td><td></td><td></td><td></td><td></td><td></td><td></td><td></td><td></td></tr>
<tr><td>4</td><td>警示灯</td><td></td><td></td><td></td><td></td><td></td><td></td><td></td><td></td><td></td><td></td></tr>
<tr><td>5</td><td>排风扇</td><td></td><td></td><td></td><td></td><td></td><td></td><td></td><td></td><td></td><td></td></tr>
<tr><td>6</td><td>继电器</td><td></td><td></td><td></td><td></td><td></td><td></td><td></td><td></td><td></td><td></td></tr>
<tr><td>7</td><td>ADM4017</td><td></td><td></td><td></td><td></td><td></td><td></td><td></td><td></td><td></td><td></td></tr>
<tr><td>8</td><td>ADM4150</td><td></td><td></td><td></td><td></td><td></td><td></td><td></td><td></td><td></td><td></td></tr>
<tr><td colspan="12">备注：经发包人、监理机构、承包人、供货单位四方现场开箱，进行设备的数量及外观检查，符合设备移交条件，自开箱验收之日起移交承包人保管</td></tr>
<tr><td colspan="3">发包人：
代表：
日期：</td><td colspan="3">监理机构：
代表：
日期：</td><td colspan="3">承包人：
代表：
日期：</td><td colspan="3">供货单位：
代表：
日期：</td></tr>
</table>

任务工单

项目一	蔬菜大棚监测系统设备检测与安装	
任务一	蔬菜大棚监测系统感知层设备开箱验收与检测	
班级:		小组:
姓名:		学号:
分数:		

1. 任务实施完成情况

若每个任务顺利完成则在“完成情况”处打“√”，否则打“×”，并在“备注”中写出未完成的内容。

任务	任务内容	完成情况	备注
①准备设备和检测工具	准备好设备和检测工具，依次摆放在检测区域		
②感知层设备检测	依次检测蔬菜大棚监测系统感知层的各个设备，并做好检测情况的记录		
③检测结果整理与分析	完成设备检测后，核实设备是否有漏检，测量方法是否合理，操作是否正确。若有不正确的地方，重新进行检测		
④填写检测验收单	根据检测结果和检测记录填写“蔬菜大棚监测系统感知层设备进场检测验收单”		

2. 任务检查与评价

评价项目	评价内容		配分/分	评价方式		
				自我评价	互相评价	教师评价
理论知识（20分）	掌握开箱验收的流程及主要验收内容		10			
	正确阅读设备说明书，获取关键信息		10			
专业技能（60分）	正确查验设备外包装情况		5			
	正确核对设备及附件数量		5			
	正确核对设备参数是否符合合同要求		5			
	设备检测	通过外观观察或指示灯显示判断各设备质量	5			
		正确检测3个485传感器	10			
		正确检测3个电流输出型传感器	10			
		正确检测1个执行器设备、2个被控设备	10			

续表

评价项目		评价内容	配分/分	评价方式		
				自我评价	互相评价	教师评价
专业技能（60分）	检测结果整理与分析	能够进行漏检核查，整理检测记录，能够正确进行检测结果分析	5			
	填写验收单	正确记录开箱验收情况	5			
素养能力（20分）	安全操作与工作规范	操作过程中严格遵守安全规范，注意断电操作，正确使用防静电设备，每处不规范操作扣1分	5			
		严格执行“6S”管理规范，设备无损坏，设备摆放整齐，工位区域内保持整洁	5			
	学习态度	认真参与教学活动，课堂互动积极	3			
		严格遵守学习纪律，按时出勤	3			
	合作与展示	小组之间交流顺畅，合作成功	2			
		语言表达能力强，能够正确陈述基本情况	2			
合计			100			

3. 任务自我总结

任务过程中遇到的问题	解决方式

任务小结

本任务介绍了常用的物联网设备检测工具，物联网感知层设备的类型、功能、接口及应用，物联网项目设备开箱验收流程及感知层设备检测方法。通过任务实施，使学生熟悉并掌握蔬菜大棚监测系统感知层的主要设备及进场验收、检测方法。通过本任务的学习，学生可掌握物联项目设备进场验收流程和注意事项、物联网感知层设备的检测方法，为从事物联网系统安装调试打下基础。本任务相关知识和技能的思维导图如图1-15所示。

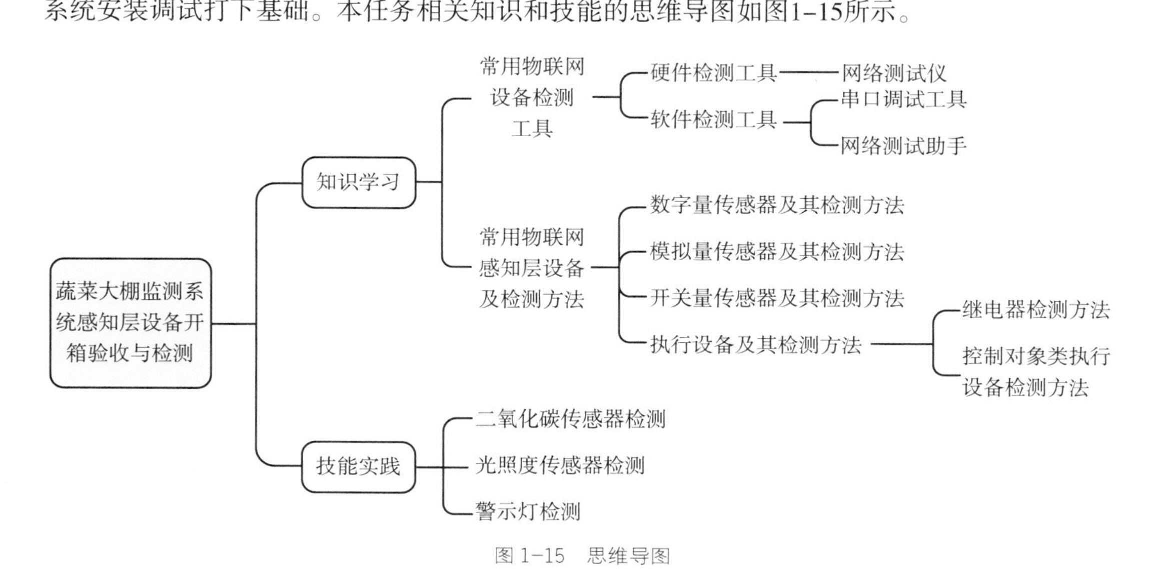

图 1-15　思维导图

任务拓展

请根据二氧化碳传感器的检测方法检测温湿度传感器，查阅厂家提供的产品手册，读取指令为：01 03 00 00 00 02 C4 0B（不同厂家的读取指令不一样）。

蔬菜大棚监测系统传输层设备开箱验收与检测

任务描述

近期，兴农智慧农业公司又收到采购的蔬菜大棚监测系统传输层设备，小李作为公司技术人员，被公司安排对采购设备进行开箱验收和检测，要求对设备的外观完整性、接口连接情况等进行详细检查，并进行功能测试，验证数据传输速度、稳定性和抗干扰能力，为以后利用设备帮助公司精准调控环境参数、提升蔬菜产量与品质奠定基础。

任务要求

◎ 开箱环节。需要仔细检查设备的外观是否完好，有无损伤或变形。同时，确认设备附带的配件和文档是否齐全，如电源线、数据线、说明书等。

◎ 检测环节。认真检测设备的电源接入是否正常，各接口是否连接良好，以及设备的无线通信功能是否稳定可靠，并测试设备的数据传输速度，确保其能满足实时监测的需求。

◎ 功能验证环节。通过模拟实际工作环境，测试设备在蔬菜大棚监测系统中的实际应用效果，如数据传输的实时性、准确性以及抗干扰能力等。确保设备能够稳定、高效地支持大棚的智能化管理。

◎ 整个开箱与检测过程需严格遵循操作规范，确保设备的安全性和可靠性，为后续的系统集成和调试工作提供有力保障。

任务目标

知识目标

- 能说出蔬菜大棚监测系统的传输层设备及其作用和功能。
- 能归纳无线路由器、交换机、网关、串口服务器等常用传输层设备的检测方法。
- 能描述网络测试工具的使用方法，如Ping命令、Tracert命令等。
- 能说出ZigBee、LoRa、NB-IOT设备的网络通信协议和数据传输方式，如TCP/IP协议、UDP协议等。

能力目标

- 能根据开箱验收要求和流程，进行传输层设备的开箱验收工作。
- 能用配套的专用测试工具完成设备的检测并通过检测结果判断设备是否正常。
- 能使用合适的工具和方法，对无线路由器、交换机、网关、串口服务器等传输层设备进行功能和性能测试。

素养目标

- 培养严谨认真的职业素养。
- 培养网络安全意识和防范能力。
- 培养良好的沟通协调能力。

智慧监测设备，救灾之星

在一个阳光明媚的春日，种植户老张正站在自家蔬菜大棚前，眉头紧锁。老张是个经验丰富的种植户，但近年来随着气候多变，大棚里的蔬菜生长状况变得难以捉摸。为了解决这个问题，老张决定采购一套蔬菜大棚监测系统。

在市场上，老张遇到了小李。小李是专门负责销售蔬菜大棚监测系统的销售员，他详细地为老张介绍了系统的功能和特点。这套系统可以实时监测大棚内的温度、湿度、光照度等关键参数，并通过传输层设备将数据实时传送到老张的手机或计算机上。小李强调，传输层设备是系统的关键，它保证了数据的准确性和实时性。

老张被小李的介绍吸引，他决定购买这套系统。安装后，老张发现这套系统真的很好用。他可以随时查看大棚内的环境数据，根据数据调整灌溉、通风等管理措施。而且，传输层设备的稳定性和可靠性让他非常放心。

不久后，一场突如其来的暴风雨袭击了老张所在的地区。老张通过监测系统及时发现大棚内的湿度过高，他立即启动了除湿设备，避免了蔬菜受灾。这次经历让老张深刻认识到了蔬菜大棚监测系统传输层设备的重要性。

如今，老张的蔬菜大棚在监测系统的帮助下，产量和品质都有了显著提升。他逢人便说：“这蔬菜大棚监测系统传输层设备真是我的得力助手啊！”

任务准备

一、了解常用物联网网络设备及其检测方法

1.无线路由器检测方法

无线路由器是物联网系统中扮演重要角色的关键设备，它结合无线通信技术和网络路由功能，使物联网设备能够无线连接互联网。无线路由器通过提供无线局域网（WLAN）的覆盖，将互联网信号传输给物联网设备。其主要作用是将来自互联网服务提供商的有线网络信号转换成无线信号，并将其分发给物联网设备。这样，物联网设备就能够通过无线方式连接到互联网，实现远程监测、数据传输和互联互通。

常见无线路由器上会有指示灯，用于显示电源、无线信号强度、网络连接状态和其他功能指示。路由器的正面或顶部通常印有标识和型号信息。背面或底部通常有以太网端口作为WAN口。不同厂商所生产的无线路由器的外观可能会有所不同，无线路由器的主要端口如图1-16所示，其接口功能见表1-6。

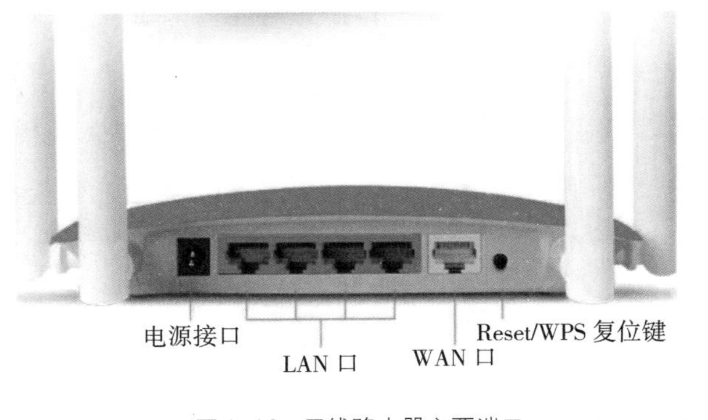

图 1-16　无线路由器主要端口

表 1-6　无线路由器接口功能

名称	功能描述
电源接口	外接电源适配器，为其提供工作电源
Reset 复位键	用于恢复出厂设置
WAN 口	主要用于连接 ADSL，即连接 Modem，进而连接到外网
LAN 口	有线连接计算机或者其他网络设备

以下是无线路由器设备检测的重要步骤：

①确认设备连接：检查无线路由器是否正确连接至电源，并将电缆连接至互联网接入点（如光纤、ADSL等），观察交换机的指示灯是否正常。

②信号强度检测：无线设备（如手机、笔记本电脑）在不同位置测试无线路由器的信号强度。移动到各个需要连接的区域，观察信号强度是否稳定且覆盖范围是否合理。

③网络连接测试：连接至无线网络后，使用无线设备进行网络连接测试。通过打开网页、下载文件等操作，验证网络连接是否正常，以及上传和下载速度是否满足要求。

④设备连接稳定性检测：将多个物联网设备连接至无线网络，观察设备之间的连接稳定性。测试设备之间的通信是否流畅，避免出现断线、延迟等问题。

2.交换机检测方法

交换机是物联网网络层中的关键组成部分，作为一种专用网络设备，通常以以太网接口作为物联网设备的接口和连接方式。其主要用于实现物联网设备之间的通信和数据交换，实现高效和可靠的数据传输，并提供智能化的网络管理功能。

交换机的电源插口用于连接电源适配器，网络端口用于连接其他设备，交换机的正面面板或背面面板会有多个端口，面板上的LED用于指示设备的状态和连接情况。交换机主要端口如图1-17所示，其接口功能见表1-7。

图 1-17　交换机主要端口

表 1-7　交换机接口功能

名称	功能描述
电源接口	外接电源适配器，为其提供工作电源
Reset 复位键	用于恢复出厂设置
以太网接口	RJ-45 接口，用于连接网络设备
SFP 光模块接口	将千兆位电信号转换为光信号
Console 接口	设备的控制端口，用于交换机配置，常见于网管型交换机

交换机的检测方法和无线路由器设备相似，同样可以与计算机连接，登录配置界面进行检测，也可以与计算机连接后，使用Ping命令进行检测。下面简单介绍登录配置界面的检测方法。

①选择交换机配套的电源适配器，给交换机上电，观察交换机的指示灯是否正常点亮。

②将交换机通过网线直接连接到计算机上，设置计算机的IP地址为自动获取，或者设置计算机的IP地址与交换机的IP地址在同一网段。

③打开计算机的浏览器，输入交换机的IP地址，观察是否能够登录到配置界面。

如果能够正常登录到配置界面，说明设备正常。当发现设备疑似存在故障，但又无法确定是设备问题还是网络或接线问题时，如果有多个设备，则可以使用替换法进行排查。将新设备替换疑似故障的设备，按照同样的检测流程，观察新设备是否能够正常工作，如果一切正常，就可以确定之前那个设备是坏的。如果仍然存在问题，则可能是其他设备的问题。

3.物联网中心网关检测方法

物联网中心网关（Central Gateway）是传感器和控制设备与物联网平台的连接桥梁，实现数据采集、协议转换、数据预处理等功能。其集成了Modbus、TCP、HTTP、MQTT等通用协议及各种设备私有协议；可以对接485总线、CAN总线、ZigBee网络、LoRa网络、以太网络等多种网络，具备强大的对接能力，并支持自主开发，实现对下挂设备的数据采集、数据解析、状态监测、策略控制等功能。物联网中心网关主要端口如图1-18所示，其接口功能见表1-8。

图 1-18　物联网中心网关主要端口

表 1-8　物联网中心网关接口功能

名称	功能描述
Digital IO 接口	数字量输入引脚 DI0 和 DI1，数字量输出引脚 DO0
RS485 接口	可以直接连接 RS485 设备
USB 接口	串行设备可以通过 USB 到 RS232 转换器连接到 4 个 USB 端口之一

续表

名称	功能描述
RJ45 接口	用于连接网络设备
电源接口	外接电源适配器，为其提供工作电源

网关在物联网应用系统里面起着很重要的核心作用，其主要有以下几种形态：

①无线转无线型：Wi-Fi转433MHz、红外线、ZigBee。

②无线转有线型：Wi-Fi转RS-485、RS-232、CAN。

③有线转无线型：以太网转433MHz、红外线、ZigBee。

④有线转有线型：以太网转RS-485、RS-232、CAN。

物联网网关的检测方法有PC配置页面检测、Ping命令检测、手机App检测、厂家配置软件检测等，无论使用哪种方式，都需要先将网关和手机或计算机进行连接。网关连接手机通常通过Wi-Fi或蓝牙等无线通信技术。天猫精灵、小爱同学等智能家居网关，通常带有蓝牙功能，可以使用手机蓝牙和设备建立连接。对于带有Wi-Fi的AP功能的网关，则可以在开启设备后，使用手机或笔记本电脑，在Wi-Fi热点列表中搜索设备对应的AP名称，连接设备。连接设备成功后再进行检测。不同物联网网关的常用检测方法如下。

（1）计算机配置页面检测流程

①给网关设备上电，对照用户手册，观察设备指示灯状态是否正常，使用计算机通过Wi-Fi或直接通过网线连接网关设备。

②设置计算机的IP地址，使其与网关设备在同一网段。

③打开浏览器，输入网关设备IP地址，登录配置界面。

④如果能够正常登录，并进行设置，则说明设备正常。

（2）Ping命令检测流程

①给网关设备上电，对照用户手册，观察设备指示灯状态是否正常。

②使用计算机通过Wi-Fi或直接通过网线连接网关设备。

③设置计算机的IP地址，使其与网关设备在同一网段。

④打开计算机“开始”菜单，运行“cmd”，进入命令行程序，输入指令“ping+网关IP地址”，观察网络是否连通，如果收到字节的返回，则说明设备正常。

（3）厂家配置软件检测流程

①给网关设备上电，对照用户手册，观察设备指示灯状态是否正常。

②根据网关设备功能，通过有线或无线的方式将计算机连接到网关设备。

③确认计算机与网关在同一网段。

④打开厂家配置软件，使用配置软件对网关进行通信检测，出现检测成功的提示，则说明网关设备正常。

4.串口服务器检测方法

串口服务器提供串口转网络功能，能够将RS-232/485/422串口转换成TCP/IP网络接口，实现RS-232/485/422串口与TCP/IP网络接口的数据双向透明传输，或者支持MODBUS协议双向传输，使得串口设备能够立即具备TCP/IP网络接口功能，连接网络进行数据通信，扩展串口设备的通信距离。串口服务器的功能是将串行设备转换成可以在TCP网络中使用的以太网设备。例如，只有连接到计算机的串口才能工作的、不具备网络功能的打印机，通过串口服务器可以转换为能联网的打印机，在同一网络中的任何计算机都可以使用这台打印机。串口服务器将IP地址和TCP端口分配给串口，以便设备和用户能够与连接到服务器的串行设备进行通信，并将通信路由到正确的串行设备。不同厂家不同功能的串口服务器的外观、接口类型、端口数量等都不相同。串口服务器主要端口如图1-19所示，其接口功能见表1-9。

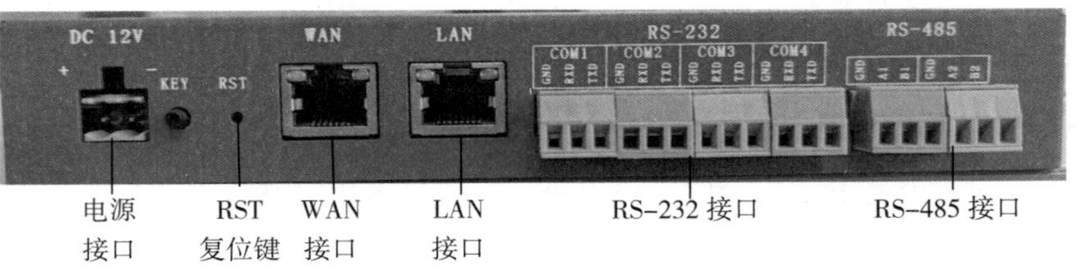

图 1-19　串口服务器主要端口

表 1-9　串口服务器接口功能

名称	功能描述
RS-232 接口	可以直接连接到 RS232 设备
RS-485 接口	可以直接连接到 RS485 设备
WAN 接口	用于连接外网
LAN 接口	用于连接局域网设备
电源接口	外接电源适配器，为其提供工作电源

串口服务器检测方法

以下是串口服务器检测的重要步骤：

①观察串口服务器外观及接口，确认外观接口无明显破损。

②选择串口服务器配套的电源适配器，给设备上电，观察设备的指示灯是否正常点亮。

③将设备通过网线直接连接到计算机上，设置计算机的IP地址为自动获取，或者设置计算机的IP地址与串口服务器的IP地址在同一网段。

④打开计算机的浏览器，输入串口服务器初始的IP地址，观察是否能够登录到其配置界面。

⑤如果能够正常登录到配置界面，则说明设备正常。

使用这种方式进行检测时，如果出现网关、无线路由器、交换机和串口服务器等网络设备无法通过初始IP地址进行登录的情况，可以根据用户使用说明书对设备进行重置，即恢复出厂设置。这些网络设备通常设置有复位键，通过长按复位键就可以将设备恢复出厂设置。恢复出厂设置后再按照刚才的流程进行检测，如果仍然无法正常登录配置界面，则说明设备故障。

二、了解常用无线通信DTU设备及其检测方法

DTU即数据传输单元，是专门用于将串口数据转换为IP数据或将IP数据转换为串口数据，通过无线通信网络进行传送的无线终端设备。DTU可采用GPRS/4G/NT-IOT/LoRa/Wi-Fi/ZigBee等通信方式，用户可以根据自己的应用场景选择最佳的通信方式。DTU支持RS-485、RS-232、I/O等接口，用户可以根据自己前端采集设备的接口选择合适的接口类型。

1.Wi-Fi设备及其检测方法

Wi-Fi DTU最常见的接口有RS-485接口、RS-232接口、以太网接口等，可以实现数据的透明传输，保障数据传输的可靠性。Wi-Fi DTU是将采集到的数据通过Wi-Fi技术接入到局域网或互联网，再传输到应用服务器。Wi-Fi DTU功能示意图如图1-20所示。

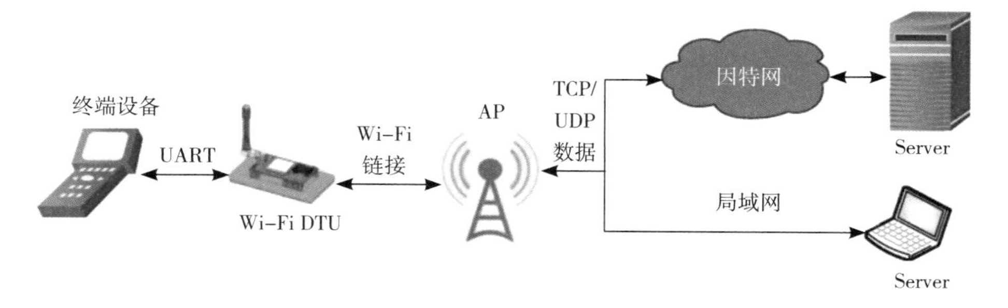

图1-20 Wi-Fi DTU功能示意图

以下是Wi-Fi DTU检测的重要步骤：

①首先观察设备外观及接口，确认外观无破损，接口未松动。

②通过电源接线端子或适配器供电，结合用户手册的供电要求，正确给设备供电。

③上电后，观察设备指示灯的点亮情况，结合用户手册，确认设备工作状态正常。

④选择合适的转换器和数据线，将DTU和计算机进行连接。

⑤观察计算机上DTU所使用的端口号，打开厂家提供的配置测试软件，选择相同的端口号以及设备默认的波特率，打开串口。

⑥选择进入配置状态，并读取参数，观察是否能够正确读取模块参数。

2.ZigBee设备及其检测方法

ZigBee DTU是一种基于ZigBee技术的数据传输单元，它充当着ZigBee网络和其他设备之间的桥梁，实现了低功耗、短距离的数据传输和通信。不同厂家生产的常见ZigBee DTU如图1-21所示。

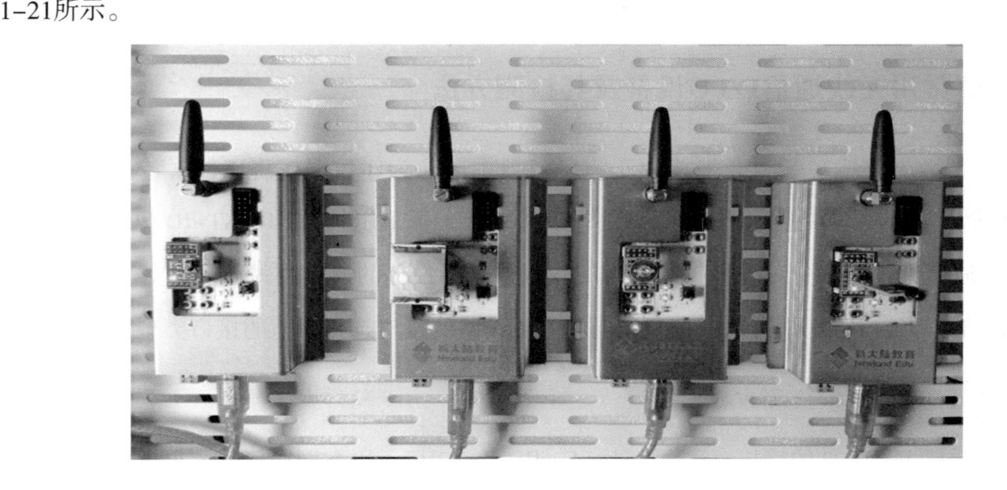

图 1-21　常见 ZigBee DTU

以下是ZigBee DTU检测的重要步骤：

①首先观察设备外观及接口，确认外观无破损，接口未松动。

②通过电源接线端子或适配器供电，结合用户手册的供电要求，正确给设备供电。

③上电后，观察设备指示灯的点亮情况，结合用户手册，确认设备工作状态正常。

④选择合适的转换器和数据线，将DTU和计算机连接。

⑤观察计算机上DTU所使用的端口号，打开串口调试助手，选择相同的端口号以及设备默认的波特率，打开串口。

⑥根据用户手册说明，选择进入配置状态，发送设置指令，观察是否能够正确返回命令

或参数。如果返回值正常，则说明设备能够正常工作。

3.LoRa设备及其检测方法

物联网系统中LoRa设备（图1–22），根据其功能通常分为LoRa数据传输终端、LoRa中继器和LoRa网关。其中LoRa数据传输终端又称为LoRa DTU，是物联网传输层设备，主要用于传感器数据采集和传感数据传输。

图 1–22　LoRa 设备

LoRa DTU通常使用厂家提供的配置测试软件进行检测，具体步骤如下：

①首先观察设备外观及接口，确认外观无破损，接口未松动。

②按照DTU使用手册给设备上电，观察电源指示灯是否点亮。如果电源指示灯不亮，则可以确定设备故障。

③通过转换器把DTU的RS–485端口和计算机的USB端口连接起来。

④在计算机的设备管理器中查看DTU所使用的串口号。

⑤打开配置测试软件，选择刚才所查看到的COM口号，设置模式，读取设备参数。如果能够正常读取到设备参数，通常说明设备没有故障。

4.NT-IOT设备及其检测方法

NB–IOT DTU是指窄带物联网数据传输单元，如图1–23所示。NB–IOT是一种低功耗、窄带宽的无线通信技术，用于实现物联网设备之间的远程通信和数据传输，具有低功耗、长距离传输和广覆盖等特点。

图 1-23　NB-IOT 设备

NB-IOT无线数据终端通常支持AT指令配置。AT 指令是一种用于控制调制解调器、移动电话、GPS 模块以及如NB - IOT DTU 这样的无线通信设备的命令集，常见的AT指令有设备基本设置（AT + CGMI、AT + CGMM）、网络连接配置（AT + CGDCONT = 1, “IP”，“your_APN”）、设备功能控制（AT + CFUN = 1）等。因此NB-IOT DTU可以使用串口调试助手，发送AT指令进行检测，具体步骤如下：

①首先观察设备外观及接口，确认外观无破损，接口未松动。

②按照DTU使用手册给设备上电，观察电源指示灯是否点亮。如果电源指示灯不亮，则可以确定设备故障。

③通过转换器把DTU的RS-485端口和计算机的USB端口连接起来。

④在计算机的设备管理器中查看DTU所使用的串口号。

⑤打开串口调试助手，选择刚才所查看到的COM口号，设置无线通信DTU默认波特率，打开串口。

⑥根据DTU的用户手册，发送测试的AT指令，观察返回的AT指令应答信号是否正确，如果正确，则说明设备没有故障。

任务实施

一、蔬菜大棚监测系统传输层设备开箱清点

完成蔬菜大棚监测系统中传输层设备的开箱清点。本任务需要使用到的蔬菜大棚监测系统数据传输设备如图1–24所示。

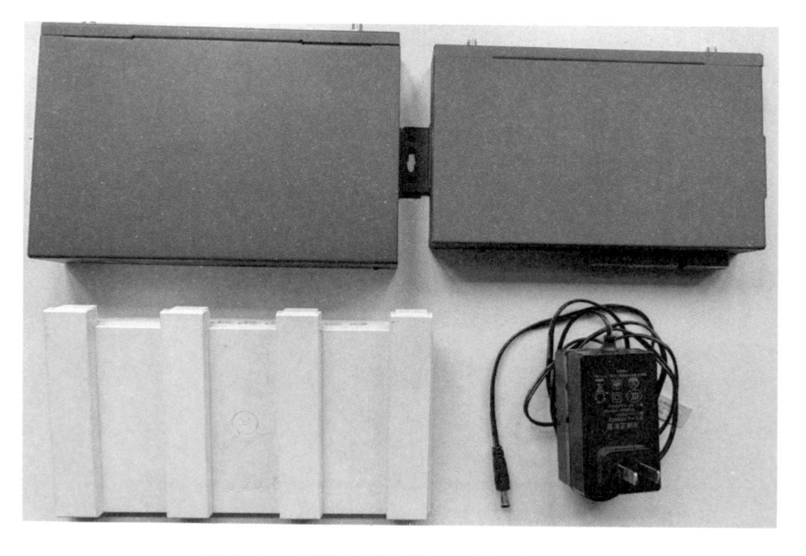

图 1–24　蔬菜大棚监测系统数据传输设备

根据图1–24所示设备，找到设备箱内相应的设备，明确每类设备/资源的名称、数量、型号，完成蔬菜大棚监测系统传输层设备开箱验收清单（表1–10）的填写。

表 1–10　蔬菜大棚监测系统传输层设备开箱验收清单

序号	设备名称	品牌	规格型号	数量	装箱资料	核对	备注
1							
2							
3							
4							
5							
6							
7							
8							

二、蔬菜大棚监测系统传输层设备检测

请参照“任务准备”中的内容，分别完成无线路由器、物联网中心网关、串口服务器的检测，做好检测记录。根据检测情况和现场检测记录，填写设备进场检测验收单。

1.无线路由器的检测

①检查无线路由器的外观和接口，确认完好，检查是否有配套的电源适配器，如图1–25所示。

图 1–25　无线路由器

②使用9V DC电源适配器给无线路由器供电，观察电源工作指示灯SYS的状态是否正常，Wi–Fi信号指示灯是否常亮。

③将无线路由器的LAN端口通过网线与计算机连接，如图1–26所示。

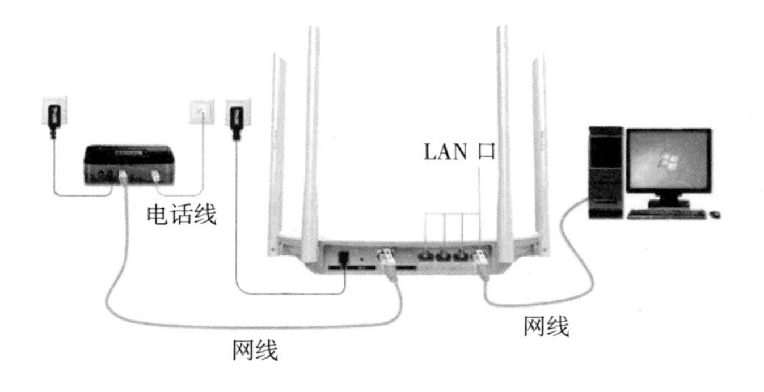

图 1–26　无线路由器与计算机连接图

④设置计算机自动获取IP地址，如图1–27所示。观察LAN端口的Link指示灯是否闪烁或常亮，如果不亮，则需要排查是否存在网线故障。

⑤打开浏览器，输入地址http：//tplogin.cn，观察是否能够正常跳转到登录界面，如图

1-28所示，此时为配置向导界面，提示设置管理员密码。

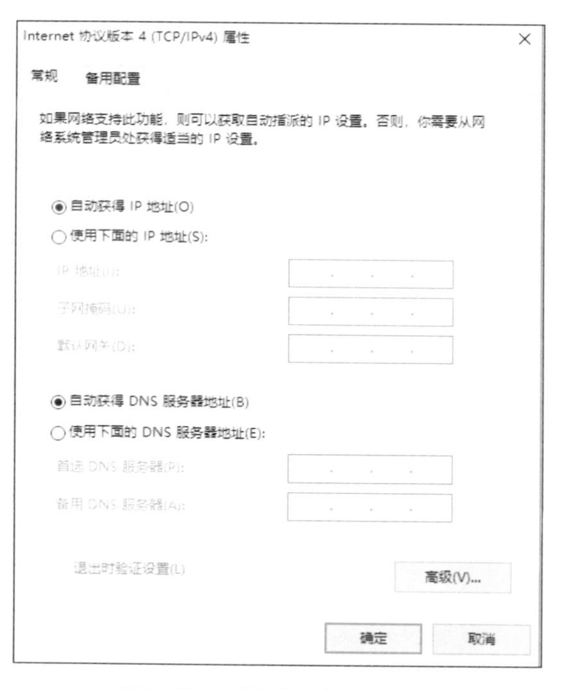

图 1-27　计算机自动获取 IP 地址

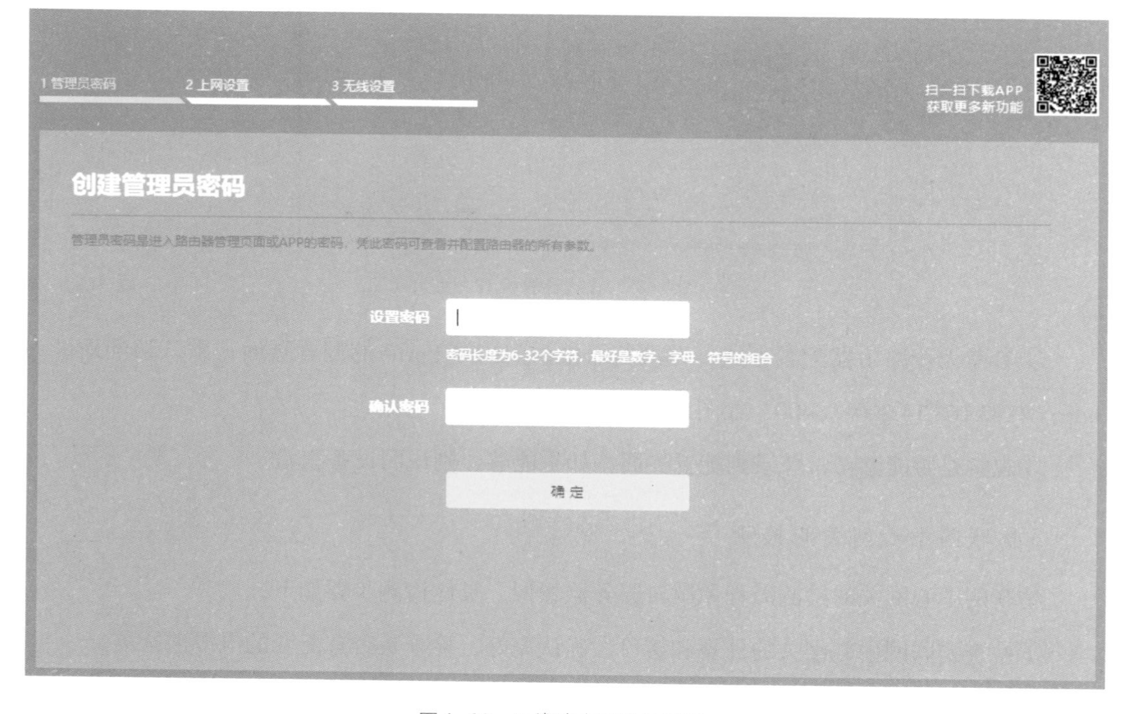

图 1-28　无线路由器登录界面

如果无法正常跳转至登录界面，重点检查网线是否存在问题、计算机的IP地址和无线路由器是否在同一网段等，必要时考虑恢复出厂设置再重新进行检测。

2.串口服务器的检测

①检查串口服务器外观和接口，确认完好，检查是否有配套的电源适配器。

②使用12V DC电源适配器给串口服务器供电，观察电源工作指示灯是否正常亮。

③使用网线将物联网中心网关与计算机连接，设置计算机的IP地址与物联网中心网关的默认IP地址在同一网段，如图1–29所示。

图 1–29　设置计算机 IP 地址

④参考无线路由器配置方式，在浏览器中访问NEWPorter的配置页面，默认访问地址为http：//192.168.14.200：8400，如图1–30所示。

⑤观察是否能够正常登录到配置界面，如果能够，则说明设备正常。

3.物联网中心网关的检测

物联网中心网关的检测流程和串口服务器相似，具体检测步骤如下；

①检查物联网中心网关的外观和接口，确认完好，检查是否有配套的电源适配器。

②使用12 V DC电源适配器给物联网中心网关供电，观察电源工作指示灯是否正常亮。

③网关默认IP地址是192.168.1.100，首先，将网关与计算机用网线直连，如图1–31所示。

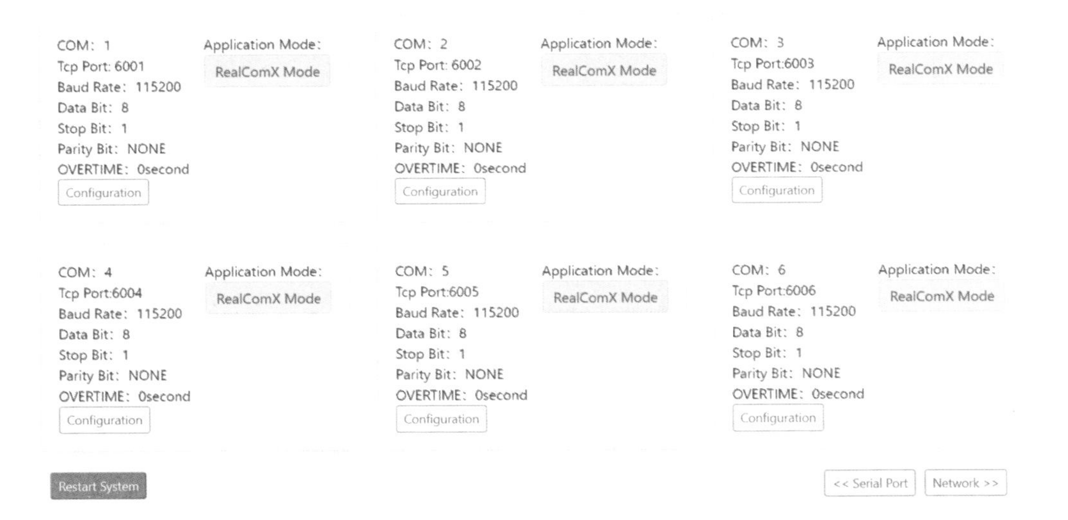

图 1–30　串口服务器登录界面

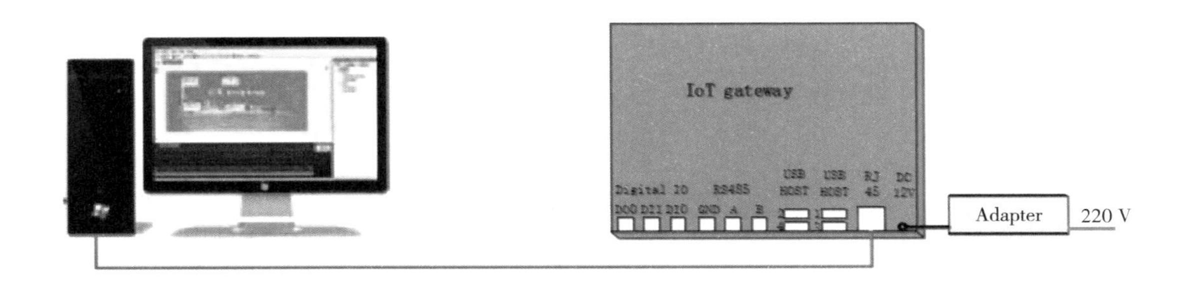

图 1–31　网关与计算机连接

④将计算机IP地址设置为192.168.1.10，如图1–32所示。将计算机IP地址与网关设备IP地址设置在同一网段，才能正常通信。

⑤在一个浏览器中访问网关的配置页面（http：//192.168.1.100），如果不知道物联网中心网关的IP地址，重新设置复位。输入登录用户名和密码：newland和newland，如图1–33所示。按照图1–34所示，配置网关的IP地址。注意，配置完成后，需要重启网关，IP配置才能生效。观察是否能够正常登录到配置界面，如果能够，则说明设备正常。

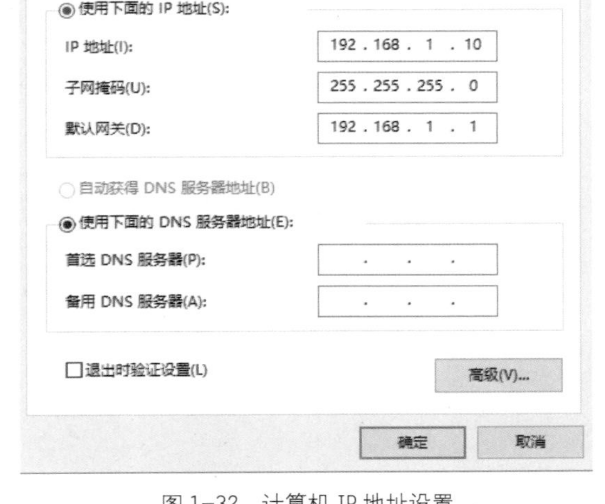

Internet 协议版本 4 (TCP/IPv4) 属性
常规
如果网络支持此功能，则可以获取自动指派的 IP 设置。否则，你需要从网络系统管理员处获得适当的 IP 设置。
自动获得 IP 地址(O)
使用下面的 IP 地址(S):
IP 地址(I):
192 . 168 . 1 . 10
子网掩码(U):
255 . 255 . 255 . 0
默认网关(D):
192 . 168 . 1 . 1
自动获得 DNS 服务器地址(B)
使用下面的 DNS 服务器地址(E):
首选 DNS 服务器(P):
备用 DNS 服务器(A):
退出时验证设置(L)
高级(V)...
确定
取消

图 1-32　计算机 IP 地址设置

登录系统
用户名
请填写用户名
用户密码
立即登录

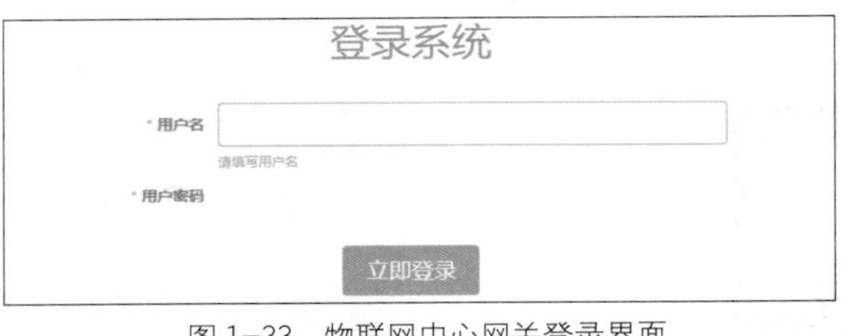

图 1-33　物联网中心网关登录界面

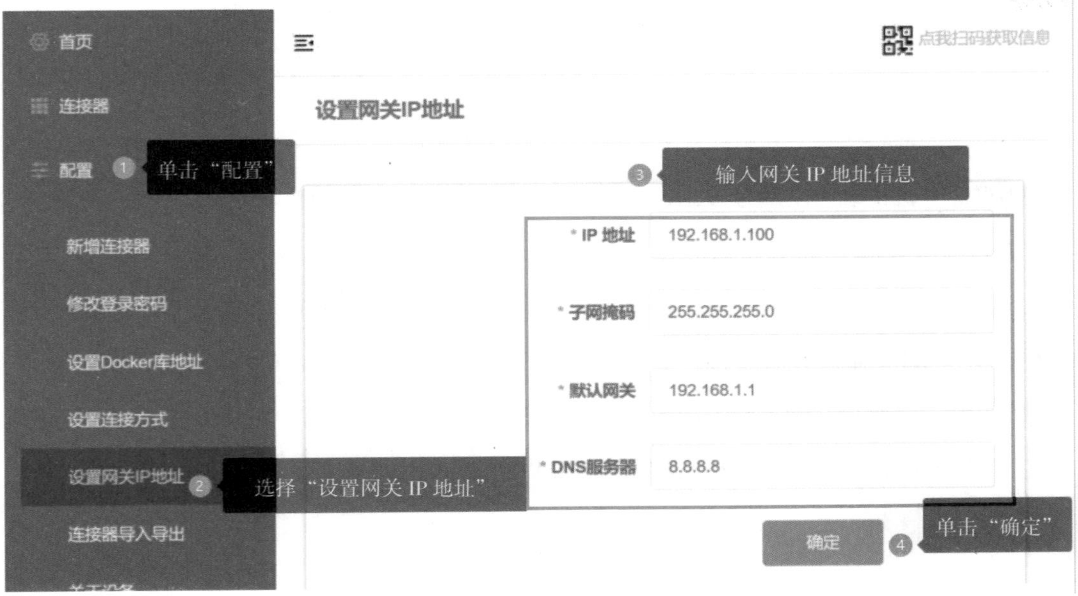

首页
连接器
配置
单击"配置"
新增连接器
修改登录密码
设置Docker库地址
设置连接方式
设置网关IP地址
选择"设置网关 IP 地址"
连接器导入导出
点我扫码获取信息
设置网关IP地址
输入网关 IP 地址信息
IP 地址
192.168.1.100
子网掩码
255.255.255.0
默认网关
192.168.1.1
DNS服务器
8.8.8.8
确定
单击"确定"

图 1-34　设置网关 IP 地址

三、填写检测验收单

填写蔬菜大棚监测系统传输层设备进场检测验收单（表1-11），对检查项依次核对，若无问题，在对应项打“√”，有问题，在对应项打“×”，根据检查结果填“合格”或“不合格”。

表 1-11　蔬菜大棚监测系统传输层设备进场检测验收单

合同名称：									编号：________		
设备于____年____月____日到达________施工现场，设备开箱验收情况如下：											
序号	名称	规格型号	数量/单位	检查							开箱日期
				外包装情况（是否良好）	开箱后设备外观质量（有无磨损、撞击）	备品备件检查情况	设备合格证	产品检验证	产品说明书	检查结果	
1	无线路由器										
2	物联网中心网关										
3	串口服务器										
备注：经发包人、监理机构、承包人、供货单位四方现场开箱，进行设备的数量及外观检查，符合设备移交条件，自开箱验收之日起移交承包人保管											
发包人： 代表： 日期：			监理机构： 代表： 日期：			承包人： 代表： 日期：			供货单位： 代表： 日期：		

任务工单

项目一	蔬菜大棚监测系统设备检测与安装
任务二	蔬菜大棚监测系统传输层设备开箱验收与检测
班级：	小组：
姓名：	学号：
分数：	

续表

1. 任务实施完成情况

若每个任务顺利完成则在“完成情况”处打“√”，否则打“×”，并在备注中写出未完成的内容。

任务	任务内容	完成情况	备注
①准备设备和检测工具	准备好设备和检测工具，依次摆放在检测区域		
②传输层设备检测	依次检测蔬菜大棚环境监测系统传输层各设备，并做好检测情况记录		
③检测结果整理与分析	完成设备检测后，核实设备是否有漏检，检测方法是否合理，操作是否正确。若有不正确的地方，重新进行检测		
④填写检测记录单	根据检测结果和检测记录填写蔬菜大棚监测系统传输层设备进场检测记录单		

2. 任务检查与评价

评价项目	评价内容		配分/分	评价方式		
				自我评价	互相评价	教师评价
理论知识（20分）	掌握开箱验收的流程及主要验收内容		10			
	正确阅读设备说明书，获取关键信息		10			
专业技能（60分）	正确查验设备外包装情况		5			
	正确核对设备及附件数量		5			
	正确核对设备参数是否符合合同要求		5			
	设备检测	正确检测3个传输层设备	15			
		通过外观观察或指示灯是否正确判断各设备质量	10			
	检测结果整理与分析	能够进行漏检核查，整理检测记录，能够正确进行检测数据分析	10			
	填写验收单	正确记录开箱验收情况	10			
素养能力（20分）	安全操作与工作规范	操作过程中严格遵守安全规范，注意断电操作，正确使用防静电设备，每处不规范操作扣1分	5			

续表

评价项目	评价内容		配分/分	评价方式		
				自我评价	互相评价	教师评价
素养能力（20分）	安全操作与工作规范	严格执行“6S”管理规范，设备无损坏，设备摆放整齐，工位区域内保持整洁	5			
	学习态度	认真参与教学活动，课堂互动积极	3			
		严格遵守学习纪律，按时出勤	3			
	合作与展示	小组之间交流顺畅，合作成功	2			
		语言表达能力强，能够正确陈述基本情况	2			
合计			100			

3. 任务自我总结

任务过程中遇到的问题	解决方式

任务小结

本任务介绍了蔬菜大棚监测系统常用数据传输设备的功能、分类、应用、接口等基础知识，并学习了常见数据传输设备的检测方法。通过本任务的学习，学生可掌握常用物联网设备检测工具的使用方法，熟悉并掌握如何进行数据传输设备的检测，能够阅读相关技术文档完成仓储管理系统的设备检测。本任务相关的知识和技能的思维导图如图1-35所示。

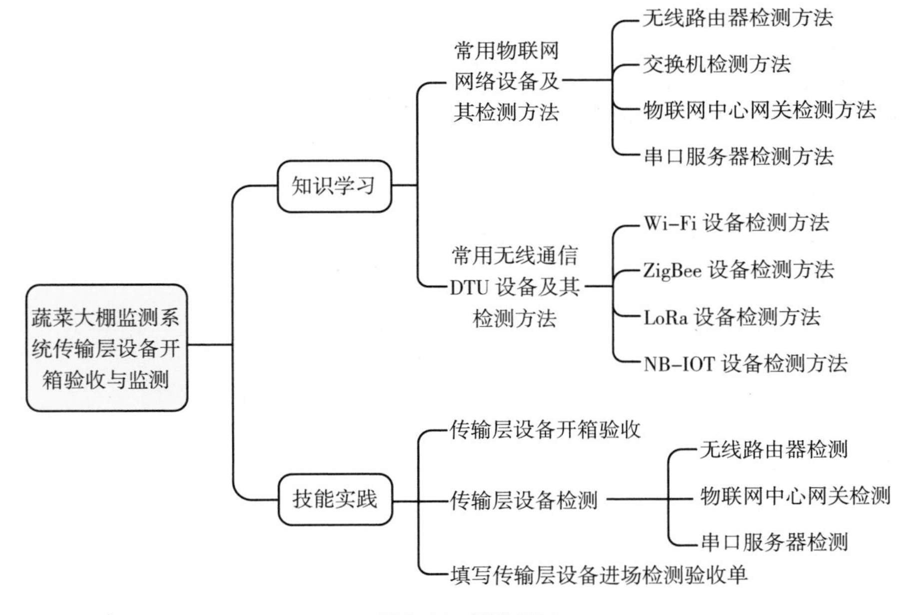

图 1-35　思维导图

任务拓展

请利用Ping命令检测串口服务器。具体流程如下：

①给串口服务器设备上电，对照用户手册，观察设备指示灯状态是否正常。

②使用计算机直接通过网线连接串口服务器设备。

③设置计算机的IP地址，使其与串口服务器设备在同一网段。

④打开计算机“开始”菜单，运行“cmd”，进入命令行程序，输入指令“ping+串口服务器IP地址”，观察网络是否连通，如果收到字节的返回，则说明设备正常。

蔬菜大棚监测系统设备安装与接线

任务描述

兴农智慧农业公司技术人员小李进行了感知层和传输层设备开箱验收与检测后，被公司安排继续对采购的监测系统设备进行安装，要求其依据实际情况，严格按照规范进行施工布局、安装和接线，并连接至数据采集与处理系统，保证系统的正常运行。

任务要求

◎ 依据实际的环境情况，合理选型与布局传感设备。

◎ 根据设备接线图，正确安装与接线。

◎ 安装与接线后，能正确调试与测试，根据测试结果，对系统进行调整和优化。

◎ 安装与接线过程中应注意保护设备不受损坏，保证接线尤其是电源线的准确性，避免短路或烧毁设备。

任务目标

知识目标

- 能准确说出设备安装施工要点，包括设备安装流程和注意事项。
- 能总结性描述系统布线的方法。

能力目标

- 能正确识读电气图，根据要求正确安装系统设备。
- 能根据电气接线图和布线规范，正确、规范地连接设备。
- 能正确调试与测试，根据测试结果，对系统进行调整和优化。

素养目标

- 培养规范意识、安全意识和责任意识。
- 培养团队协作精神，提升沟通能力。

大棚里的智慧与汗水

最近，蔬菜种植户老张听正在大学里读物联网技术专业的儿子小张说物联网技术能够大幅提高大棚的管理效率，便决定购买一套蔬菜大棚监测系统，并决定由儿子小张安装，希望他能将所学应用到实践中。

小张刚开始信心满满，但很快就遇到了困难。他按照说明书上的步骤操作，却发现设备无法正常连接。他尝试了各种方法，重启设备、检查线路，但问题依旧没有解决。看着父亲期待的眼神，小张心里有些着急。

晚上，小张打开计算机，认真深入研究这套监测系统的原理和安装方法。他查阅了大量的资料，观看了多个教学视频，逐渐对系统的工作原理和安装步骤有了更深的了解。

第二天，小张再次来到大棚，他仔细观察了设备的每一个接口和线路，发现了一根接错的线路。他小心翼翼地拔下线路，重新接入正确的接口。随着设备的启动声响起，屏幕上开始显示大棚内的温度、湿度等数据，小张终于松了一口气。

老张看着儿子忙碌的身影，心中满是欣慰。他走上前去，拍了拍小张的肩膀，说："儿子，你做得真好！看来大学没白上啊！"小张笑了笑，回答道："爸，这次安装虽然遇到了点问题，但也让我更加明白了学习和实践的重要性。以后我会更加努力地学习，为家里做更多的事情。"

从那以后，小张经常利用课余时间帮助家里管理大棚。他利用监测系统收集的数据，科学合理地安排灌溉和施肥的时间，大棚里蔬菜的产量和质量都有了显著的提升。老张看着满棚的蔬菜，心中充满了感激和骄傲。

任务准备

一、识读物联网系统电气接线图

1.物联网系统电气接线图的概念

物联网系统电气接线图是指将物联网系统中各种传感器、执行器、控制器等设备之间的电气连接关系以符号、线型、颜色等形式绘制在图纸上的连接关系图，用以明确表示各设备之间的电气连接关系。感知层设备、传输层设备与执行设备之间的信号线、电源线的连接关系图，用于表示设备之间的电气连接关系。电气接线图通常包括设备的电源线、信号线、控制线等电气连接关系，帮助工程师和操作人员准确理解设备之间的连接方式，确保设备安全可靠地运行。同时，在接线过程中，需要严格遵守接线规范和注意事项，还需要注意不同设备之间的信号协议和接口类型，以确保设备之间的电气安全和信号传输的准确性。

2.物联网系统电气接线图的识读方法

识读物联网系统电气接线图需要熟悉基本符号，理解连接关系，分析信号传输路径，理解电源供给方式，并关注线路跨越、元件之间的信号传输方式和协议。这样可以帮助解读和理解电气接线图，确保系统的正常运行和安全性。识读物联网系统电气接线图的方法如下：

①了解接线图中的元件和符号：在接线图中，会使用各种符号来表示不同的元件，如传感器、执行器、电源等。需要先了解这些符号所代表的元件及其功能。

物联网系统电气接线图的识读方法

②确定接线方式：根据接线图中的接线方式，确定各个元件之间的连接关系。观察连接线条的起点和终点，了解信号是如何从一个设备传输到另一个设备的。常见的接线方式有串联、并联和混合连接等。

③查找接线端子：在接线图中，每个元件的接线端子都有明确的标识。需要找到每个元件的接线端子，并了解它们的功能和连接方式。

④确认电源和信号线的连接：在物联网设备中，电源和信号线的连接非常重要。需要确认电源线和信号线的连接，并确保它们连接正确。在电气接线图中，通常会标明每个设备的电源接入方式和电源供给位置。通过阅读图示，可以了解设备是直接连接电源还是通过其他设备供电，以及各个设备的电源供给方式。

⑤检查接线顺序：在接线图中，元件之间的接线顺序是有规律的。需要按照规定的顺序接线，以确保设备的正常运行。

⑥注意元件之间的信号传输方式和协议：在阅读电气接线图时，需要关注元件之间的信号传输方式和使用的通信协议。这包括串口通信、以太网通信、无线通信等不同的方式，需要根据不同系统和设备的要求进行理解和分析。

⑦注意安全问题：在识读接线图时，需要注意安全问题。确保在接线过程中，不要短路或断路，以免造成设备损坏或人员伤亡。

识读物联网设备接线图需要具备一定的电气知识和技能。在识读过程中，需要认真仔细，遵循规定的步骤和安全规范，以确保设备的正常运行和使用安全。同时，电气接线图也是进行故障排查和维修的重要依据，能够帮助技术人员快速定位和解决问题。

二、了解物联网系统设备安装接线的流程与规范

设备安装施工要点

在进行物联网系统集成项目施工之前，施工人员应仔细查看施工工程图纸并详细阅读出厂安装说明材料，针对不同的设备和不同的厂商，接线方式、接线柱位置、安装位置、安装角度等各有不同，应根据现场勘查情况参照厂家说明安装调试。

（1）设备安装流程

在物联网系统设备安装过程中，设备安装选点是非常重要的环节。这是因为物联网系统通常涉及大量的设备和传感器，不同的设备和传感器需要安装在不同的位置，以实现最佳的监测和数据采集效果。因此，在安装物联网系统设备之前，必须进行现场勘察和参考施工图纸进行详细的规划和设计，以确保设备安装在最佳的位置。设备安装选点需要考虑以下几个因素：

①监测需求：不同的监测需求需要选择不同的设备安装位置。例如，要监测温度和湿度，需要将设备安装在靠近被监测物体的位置；要监测噪声，需要将设备安装在离噪声源较近的位置。

②信号覆盖范围：对于无线设备，需要考虑信号覆盖范围，以确保设备能够正常接收和发送信号。应选择信号接收和发送效果最佳的位置。

③安全性：在选择安装位置时，应考虑设备的安全性，避免设备受到损坏或被盗。应选择便于安全防护的位置，并采取必要的保护措施。

④可维护性：在选择安装位置时，还应考虑设备的可维护性，以便于设备的维修和更换。应选择便于维护的位置，并确保设备易于接近和维护。

⑤环境因素：在选择安装位置时，应考虑环境因素，如温度、湿度、光照度等。应选择适合设备运行的环境，并采取必要的保护措施。

（2）设备配置

在设备安装前，需要根据实际需求和设备规格进行参数配置，以确保设备能够正常工作并满足使用需求。设备配置的内容包括设备的地址、工作模式、通信方式、通信地址及端口号、网络设置、通信协议、数据采集和处理等。在设备配置过程中，有时还要利用固件烧写工具对设备固件进行更新和维护。配置设备是连接设备的方式，常见设备的连接配置方式如下：

①直接根据设备上的按钮进行配置。

②通过计算机串口或USB转串口线连接设备进行配置。

③计算机或手机通过Wi-Fi、网线连接设备进行配置。

（3）设备安装方式

不同厂家的设备和传感器需要采用不同的安装方式，以确保设备的正常工作和数据采集的准确性。常见设备安装方式有立杆式安装、壁挂式安装、吊顶式安装、导轨式、吸顶式安装等，其中壁挂式安装、吊顶式安装和导轨式安装通常选择厂家设备配备的结构件进行安装，立杆式安装通常根据现场情况以及设备安装规范的要求选择不同的立杆标准进行安装。

（4）设备安装的注意事项

在安装前，需要掌握设备的原理、构造、技术性能、装配关系以及安装质量标准，要详细检查各零部件的状况，不得有缺损，要制订好安装施工计划并充分准备，以便安装工作顺利进行。

安装前要认真阅读设备说明书，一定要遵守说明书中要求的安全注意事项，接线要按安装图样要求使用截面积合适的线缆。

要在断电的情况下进行安装，正确连接电源正负极和信号线，所有部件安装到位，检查并确认连线正确后才允许上电，防止因为设备接线错误而导致设备损坏。

固定设备的螺钉、垫片应该按照规格要求进行选择，要将设备固定紧实，防止因为设备固定不牢而导致设备脱落，造成不必要的人员受伤或设备损坏。

（5）综合布线

安装设备时的连接线应该横平竖直，变换布线走向时应垂直布放，线的连接布放应牢固可靠，整洁美观。连接设备的电源线和信号线之间需要设置间隔距离，避免互相干扰而导致信号传递错误。连接线路如果存在二次回路，连接线中间不应该有接头，连接接头只能在设备的接线端子上，接线端子上的连接线应该紧压在端子里面，线芯不要暴露在外面，且接线端子不能压到绝缘层，否则会引起接触不良，导致设备无法供电或信号传递错误等情况出现。

三、物联网系统设备安装与接线

物联网设备安装与调试包括前端感知控制设备及其配套设备的安装与调试、网络层数据传输设备的安装与调试、应用层服务器的部署与安装以及系统相关配套的供电系统、防雷系统的设备安装与调试。在进行蔬菜大棚监测系统设备的安装、布局与连线时，需要注意以下几个方面：

①所有设备布局紧凑、安装牢固。

②设备安装位置与信号走向基本保持一致。

③设备连线时，电源线、信号线应严格区分，切勿连接错误，否则会造成设备损坏。

物联网系统设备安装与接线

④进行系统布线时，线缆通过走线槽布置，避免缠绕。

⑤安装设备时，应考虑到设备工作时的散热问题，特别是大功率设备，更要保障良好的散热。

⑥安装或连线时必须确保设备处于断电状态。

⑦在进行设备安装前，需要先准备好安装工具和导线等，熟悉设备安装布局图和电气接线图，做好设备安装前的现场勘查。

1.壁挂式设备安装

在进行设备安装前，需要先准备好安装工具和导线等，将设备按照安装布局图安装在测量点上，安装过程可使用螺钉、螺帽、扎带等配件，安装完成后进行设备连接。

在物联网系统中，很多设备均采用壁挂式安装，如王字壳传感器、网关、串口服务器、常见的无线通信DTU设备、数据采集器、警示灯等。壁挂式设备通常安装到墙面或设备架上面，具体安装流程和规范如下：

①准备好安装配件，如螺钉、螺帽、垫片等，准备好安装工具，如电钻、螺钉旋具、钉锤等。

②根据安装布局图，在安装位置钻孔，孔径需要符合设备说明书中的尺寸要求，将膨胀管放入孔内，如图1-36所示。

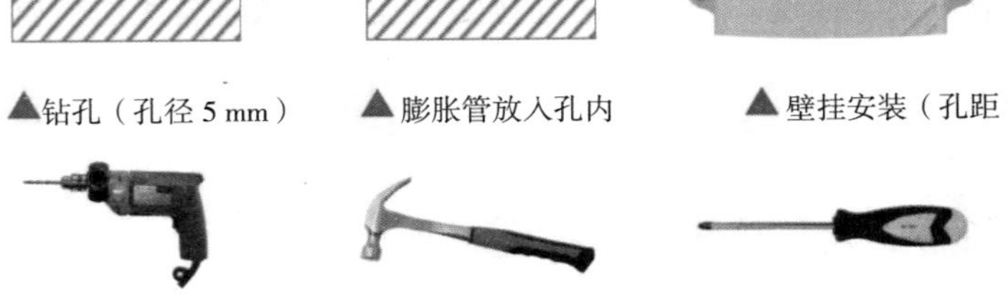

图 1-36　壁挂式设备安装

③安装孔位于设备两侧中部位置，安装孔径小于4 mm，孔距105 mm，可使用3 mm的自攻螺钉安装，为避免设备松动，应使用螺钉垫片，使安装更加牢固。

④将传感器紧贴安装面放置在合适位置，用螺钉将其固定到安装面，注意安装牢固、美观。

⑤安装完成后，检查设备是否牢固，安装方式是否符合施工要求。

2.导轨式设备安装

在物联网系统中，常见的时间继电器、中间继电器、直流信号隔离变送器、卡扣式传感器等设备在进行安装时需要用到卡扣式导轨。卡扣式导轨的外观如图1–37所示。

导轨式设备的安装方法及流程如下：

①准备安装配件及工具。

②根据布局图在规划安装的位置打孔。

③将导轨安装到打孔位置，并用螺钉固定。

④将设备扣在导轨上，调整到合适位置。

图 1–37　卡扣式导轨

3.设备接线规范

在工程施工中，要规范、准确地走线、接线，不仅需要具备电气接线图的阅读能力，还需要熟悉不同线缆的接线规范。工程项目施工中不同线缆的分类见表1–12。

表 1–12　工程项目施工中不同线缆的分类

线缆分类	主要类型
A 类：敏感信号线缆	各种通信（如以太网、RS–485 等）电缆、数据传输总线、ATC 天线和通信电缆，无线电以及各类毫伏级（如热电偶、应变信号等）信号线
B 类：低压信号线缆	5 V、±15 V、±24 V、0~10 mA、4~20 mA 等低压信号线（如各种传感器信号、同步电压等）以及广播音频、对讲音频电缆
C 类：110 V 等级线缆	110 V 蓄电池电源电缆、110 V 控制信号（各种开关量如向前、向后、牵引、制动等）线、头灯、电源线和照明电源线
D 类：辅助电路配电电缆	220/400 V 电缆、连接各种辅助电机、辅助逆变器的电缆
E 类：主电路配电电缆	额定电压 3 kV（最大 3 600 V）以下，500 V 以上的电力电缆

在物联网系统中，主要使用的是A、B、C、D四类线缆。在蔬菜大棚监测系统中，主要有有线和无线的数据传输设备、传感器设备、控制执行设备等。蔬菜大棚监测系统中不同设

备进行连接需要注意以下接线和走线规范：

①以太网线布放时，应布放顺直，无明显扭绞和交叉；布放的以太网线必须是整条线料，严禁电缆中间接头，标签明晰正确；以太网线制作完成后要求施工单位用网线测试仪逐个测试，确保每个以太网口与设备连通。

②A、B、C三类信号要分区走线，尽量减少C类线对A、B类线的干扰，C类线中的电源线宜用双绞线插接布线，脉冲信号线应用双绞线；A类线应用双绞线最后绕接并避开C类线。

③电线电缆出入线槽、线管时必须用黑色的开口自卷式套管或黑色的波纹管包裹加以保护，并用扎带固定。

④导线气管穿过金属板（管）孔时，应在板（管）孔上装有绝缘护套（出线环或出线套）做防割设计，防止损伤而造成短路/泄漏。

⑤控制电缆尽量使用屏蔽电缆，模拟信号（数字脉冲信号）的传输线应使用双绞屏蔽线。

⑥线束应横平竖直、配置牢固、层次分明、整洁美观，同一单元的相同设备走线方式应一致。

⑦避免将几根导线接到同一接线柱上，一般元件上的接头不宜超过2~3个。当几个导线接头接到同一接线柱上时，接触应平贴、良好。

⑧电源线、地线与信号线分开布放，做到“三线”分离，距离不小于5 cm。

⑨电源线、地线按施工图指引的路由和方向布放，在水平和垂直位置，电缆布放要平直不弯曲，绑扎要整齐，松紧要适度，转弯的地方要弯曲适当、整齐、美观；电缆在走线槽中应布放顺直，无明显扭绞和交叉。

在实际施工布线时，还需要考虑现场情况，严格按照施工项目的布线规范和电气接线图进行布线和接线，保障布线质量，为系统长期有效运行奠定基础。

任务实施

一、识读系统结构图

本任务提取蔬菜大棚监测系统中的部分场景功能，选取蔬菜大棚监测系统常见的传感器、执行器（模拟）和采集器作为任务实施对象，系统结构图如图1–38所示。

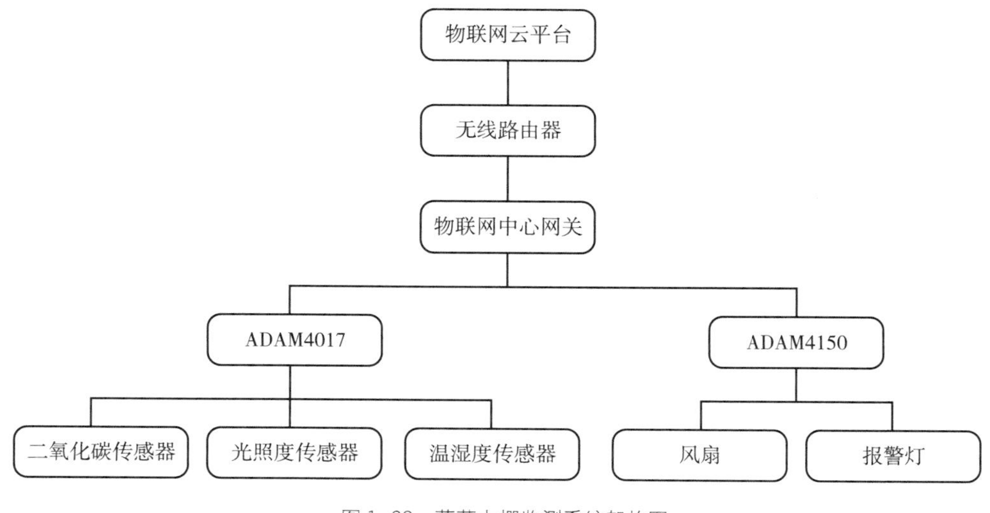

图 1-38　蔬菜大棚监测系统架构图

二、识读系统安装部署图

熟悉蔬菜大棚监测系统的安装部署图，明确设备的安装位置。设备安装的具体位置可参考图1-39，合理地布置。

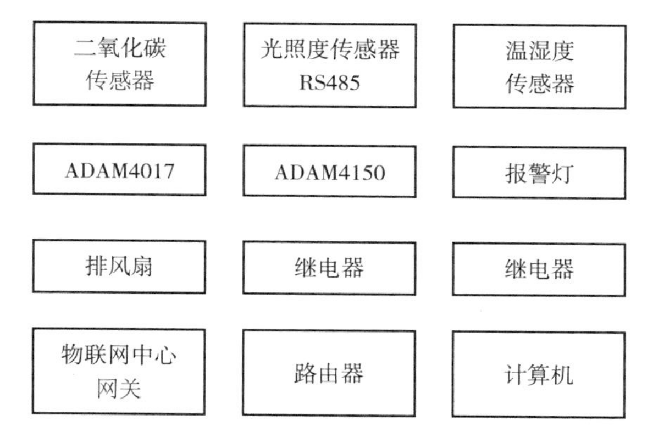

图 1-39　蔬菜大棚监测系统安装部署图

三、识读系统电气接线图

阅读如图1-40所示的电气接线图，熟悉智慧农业系统设备接线图。

四、系统设备安装与接线

根据设备使用手册和“任务准备”的内容，完成蔬菜大棚监测系统中传感器、执行器、

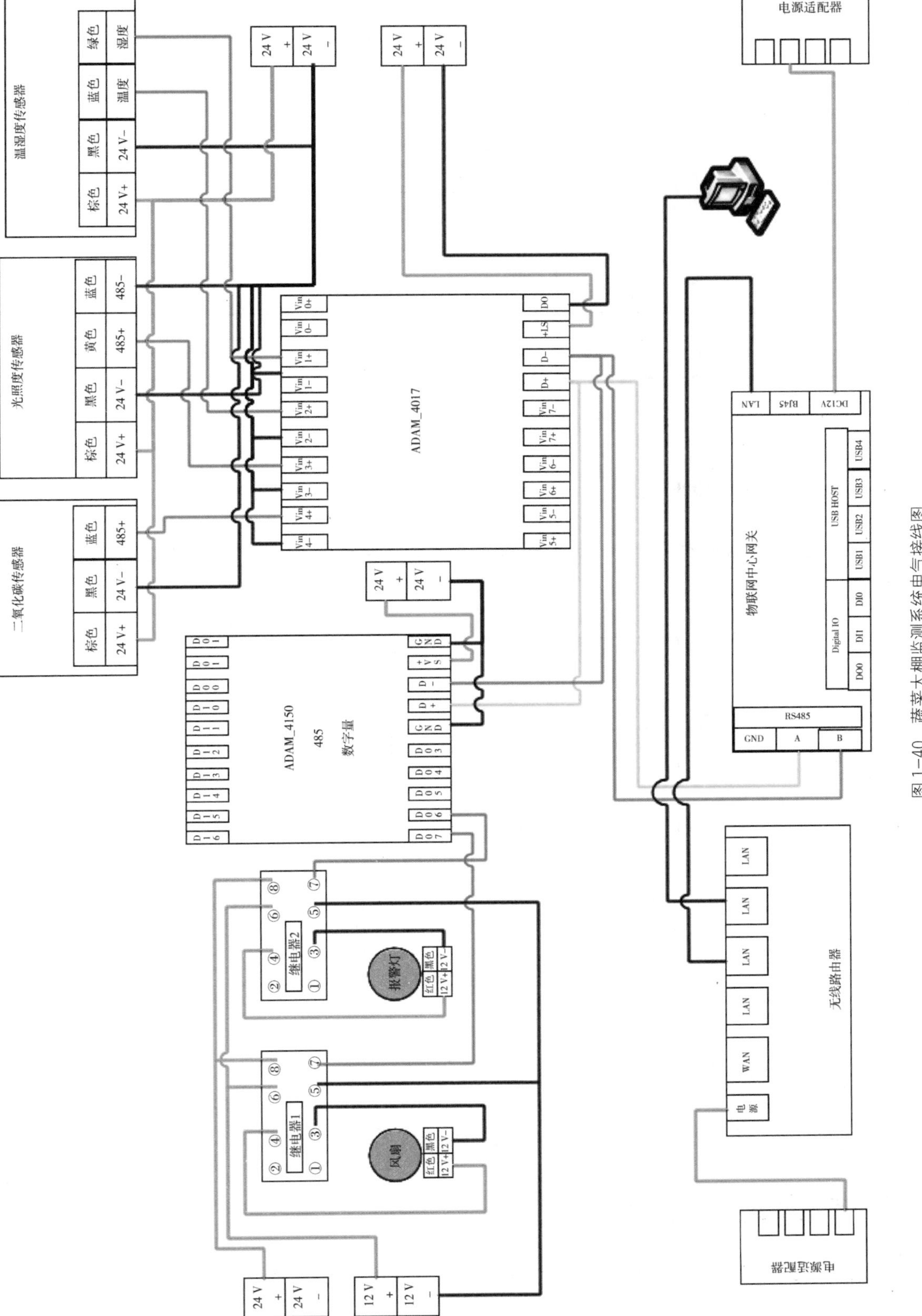

图 1-40 蔬菜大棚监测系统电气接线图

控制对象、网络设备、无线通信设备的安装与接线。安装设备清单及接线说明见表1-13。

表 1-13　安装设备清单及接线说明

设备名称	安装方式	功能引脚	接线说明
温湿度传感器	壁挂式安装	棕色：VCC（24 V） 黑色：GND 黄色：湿度 蓝色：温度	棕色：VCC（12 ~ 24 V）接 24V + 黑色：GND 接 24 V- 黄色：湿度信号线接 ADAM4017 Vin1+ 蓝色：温度信号线接 ADAM4017 Vin2+
光照度传感器	壁挂式安装	棕色：VCC（24 V） 黑色：GND 黄色：RS485-A 蓝色：RS485-B	棕色：VCC（12 ~ 24 V）接 24 V+ 黑色：GND 接 24 V- 黄色：RS485-A 接 ADAM4017 Vin3+ 蓝色：RS485-B 接 24V-
二氧化碳传感器	壁挂式安装	棕色：VCC（24 V） 黑色：GND 蓝色：信号线	棕色：VCC（12 ~ 24 V）接 24 V+ 黑色：GND 接 24 V- 蓝色：信号线接 ADAM4017 Vin4+
报警灯	壁挂式安装	红色：VCC（12 V） 黑色：GND	继电器的 5 口接 12 V 电源负极，6 口接 12 V 电源柜的正极；3 口接报警灯的负极，4 口接报警灯的正极；8 口接 24 V 电源的正极；7 口接 ADAM4150 的 DO6 端口
风扇	壁挂式安装	红色：VCC（12 V） 黑色：GND	继电器的 5 口接 12 V 电源负极，6 口接 12 V 电源柜的正极；3 口接风扇的负极，4 口接风扇的正极；8 口接 24 V 电源正极；7 口接 ADAM4150 的 DO7 端口
ADAM4017	壁挂式安装	Vin0+—Vin7+：信号 + Vin0-—Vin7-：信号 - D+：RS485-A D-：RS485-B +VS：VCC（24 V） GND：24 V-	Vin1-—Vin4-：接 24 V- D+：物联网中心网关 RS485-A D-：物联网中心网关 RS485-B +VS：24 V+ GND：24 V-

续表

设备名称	安装方式	功能引脚	接线说明
ADAM4150	壁挂式安装	DI0—DI7：信号输入口 DO0—DO7：信号输出口 D+：RS485-A D-：RS485-B +VS：VCC（24 V） GND（两个）：24 V-	DO6：接继电器 2 的 7 端口 DO7：接继电器 1 的 7 端口 D+：物联网中心网关 RS485-A D-：物联网中心网关 RS485-B +VS：24 V+ GND：24 V-
继电器 1（控制风扇）、继电器 2（控制报警灯）	支架式安装	1、2：常闭触点 3、4：常开触点 5、6：触点公共端 7、8：线圈	6：接 12 V+ 5：接 12 V- 8：接 24 V+
无线路由器	壁挂式安装	电源适配器供电 LAN 口 WAN 口	LAN 口连接交换机或其他终端设备，WAN 口连接外网网线
交换机	支架式安装	电源适配器供电 RJ-45 网口	网口连接计算机和网关
物联网中心网关	壁挂式安装	电源适配器供电 DC9-12 V RJ-45 网口	网口连接交换机 UART5 接口连接智能数据采集控制终端 DB9 串口

备注：若其中一段线路在一个设备接线说明中已说明，那在另一个设备中将不再说明

任务工单

项目一	蔬菜大棚监测系统设备检测与安装	
任务三	蔬菜大棚监测系统设备安装与接线	
班级：		小组：
姓名：		学号：
分数：		

续表

1. 任务实施完成情况

若每个任务顺利完成则在“完成情况”处打“√”，否则打“×”，并在“备注”中写出未完成的内容。

任务	任务内容	完成情况	备注
①识读电气接线图	明确每个设备的电源接口和信号接口的信息，设备的布局和接线要点		
②准备设备和安装工具包	准备好设备和安装工具，依次摆放在操作台区域		
③安装设备	根据电气接线图依次安装各个设备，注意规范操作		
④设备接线	完成设备安装后，根据电气接线图，完成设备接线		
⑤检查设备安装接线	反复检查设备安装接线情况，确认设备连接无误		
⑥上电观察	开启电源，观察设备是否出现异常工作情况		

2. 任务检查与评价

评价项目	评价内容		配分/分	评价方式		
				自我评价	互相评价	教师评价
理论知识（20分）	能够明确任务要求，掌握关键引导知识		5			
	能够正确清点、整理任务设备或资源		5			
	掌握任务实施步骤，制订实施计划，时间分配合理		5			
	能够正确分析任务实施过程中遇到的问题，并进行调试和排除		5			
专业技能（60分）	识读电气接线图	能够根据电气接线图正确描述设备信号接口信息	5			
		能够根据电气接线图正确描述设备电源接口信息	5			
	设备安装	能够正确准备设备和安装接线工具	5			
		能够根据布局图选择合适位置正确安装设备	10			

续表

评价项目	评价内容		配分/分	评价方式		
				自我评价	互相评价	教师评价
专业技能（60分）	设备安装	能够规范进行设备安装，安装好后无松动、遮挡、歪斜等情况	10			
	设备接线	能够按照接线规范正确连接设备，无漏接、错接现象	15			
		设备走线规范、美观，符合电气设备接线标准	5			
	安装检验	能够进行安装检验，在系统上电后，正确判断设备是否正常通电，有无异常工作情况	5			
素养能力（20分）	安全操作与工作规范	操作过程中严格遵守安全规范，注意断电操作，正确使用防静电设备，每处不规范操作扣1分	5			
		严格执行“6S管”理规范，积极主动完成工具设备整理	5			
	学习态度	认真参与教学活动，课堂互动积极	3			
		严格遵守学习纪律，按时出勤	3			
	合作与展示	小组之间交流顺畅，合作成功	2			
		语言表达能力强，能够正确陈述基本情况	2			
合计			100			

续表

3. 任务自我总结

任务过程中遇到的问题	解决方式

任务小结

本任务介绍了物联网设备安装流程、物联网设备接线流程和规范、物联网设备安装与接线操作步骤。通过本任务的学习，学生可以掌握蔬菜大棚监测系统的设备安装方法，能够设计设备的安装布局，并根据电气接线图完成设备的安装与布线，并对安装结果进行检查。本任务相关的知识和技能的思维导图如图1–41所示。

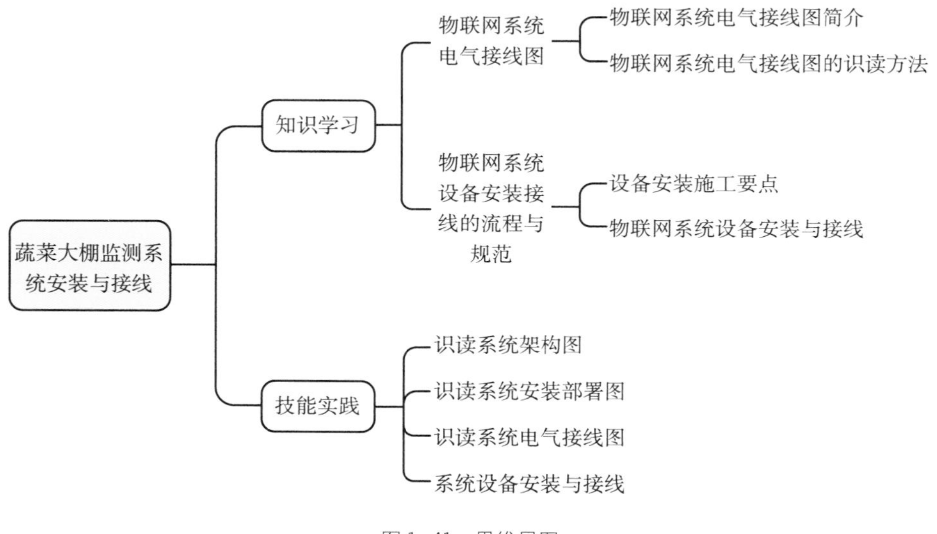

图 1–41　思维导图

任务拓展

在任务三的基础上添加风速传感器和电动推杆，完成系统的安装与接线。具体要求为风速传感器接ADAM4017，电动推杆接ADAM4150。

水产养殖环境监测系统设备配置

项目概述

水产养殖环境监测系统是一种基于物联网和人工智能技术的智慧农业典型应用系统。系统通过传感器对水环境中的水质 pH 值、水质电导率、水位等参数进行实时监测，将采集的数据通过 LoRa 网关、ZigBee 协调器等设备传递给物联网中心网关，并通过交换机和路由器传到云平台。云平台对数据进行分析，下发控制指令实现远程控制投饵机、增氧泵、抽水泵、通风设备和遮阳设备等，使水产养殖精细化、智能化、可视化，从而实现对水产养殖环境实时监测和管理，提升管理及决策能力，提高养殖效益。

如图 2-1 所示为水产养殖环境监测系统的主要软硬件。本项目重点学习水产养殖环境监测系统的设备配置，为水产养殖环境监测系统的工程实施与功能实现打下基础。

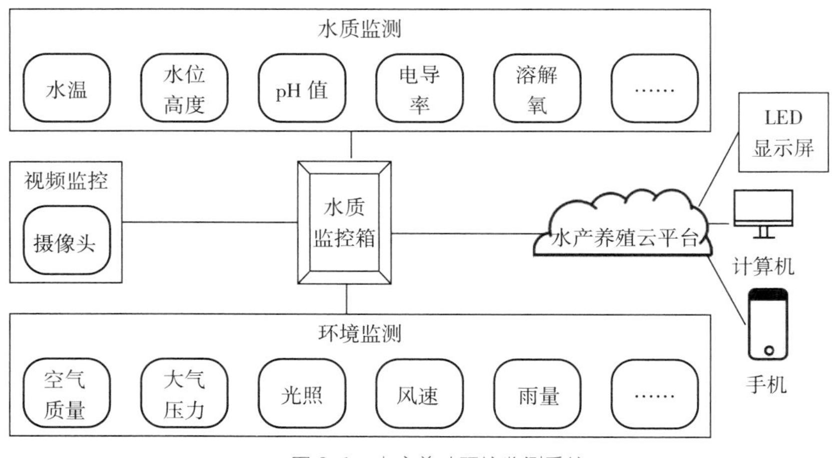

图 2-1　水产养殖环境监测系统

水产养殖环境监测系统网络层设备配置

任务描述

水产养殖个体户小张为了实现精细化、智能化、可视化管理，提高养殖效益，在物联网设备销售公司购买了一套物联网水产养殖环境监测系统。物联网设备销售公司的技术员小华接到任务，需要到小张家根据实际情况配置路由器、交换机、物联网中心网关设备，使得传感器数据可以可靠、高效地传送到云平台，云平台能远程控制相应执行器，确保系统稳定、高效地运行，并教会小张对系统进行日常的运行维护。

任务要求

◎ 正确配置路由器，确保网络覆盖全面且稳定。

◎ 正确配置物联网中心网关，实现感知层设备与云平台的双向通信顺畅。

◎ 正确配置串口服务器，允许多个感知层设备接入系统。

任务目标

知识目标

- 能准确描述路由器、交换机、物联网中心网关、串口服务器在系统中的作用。
- 能准确描述路由器、物联网中心网关、串口服务器等设备的重要配置参数的含义。

能力目标

- 能依据实际情况正确配置路由器、中心网关、串口服务器等设备。
- 能熟练地排查系统网络故障，保证系统稳定、可靠、高效地运行。

素养目标

- 培养严谨认真的职业态度。
- 培养勇于挑战各种困难和精益求精的精神。
- 提升沟通与爱农助农意识。

Wi-Fi信号追踪记

张明在一家海边小镇的水产养殖场里工作，他购买了一套新的水质监测系统，这套系统依靠物联网技术来监测水质并自动换水。然而，在初次设置这些设备时，他遇到了一些问题。

首先，设备无法连接到Wi-Fi网络，张明检查了无线路由器的位置和信号强度，发现路由器放在水产养殖场的一个角落，位置距离设备较远，导致Wi-Fi信号弱。于是，他将路由器移到了养殖场的中间位置，提高了信号的覆盖范围。此时，设备能检测到足够强度的Wi-Fi信号，但是设备间通信不稳定，经常掉线。他向产品售后技术人员求助，结果发现他所在的水产养殖场面积较大，单个路由器无法为所有设备提供稳定的通信环境，需要添加一个Wi-Fi扩展器来增强信号，并使用网桥来确保数据传输的稳定性。最后，技术人员还调整了设备的信道和功率，避免了受其他Wi-Fi设备的干扰，并检查了水质监测系统的Wi-Fi设置，确保它们与路由器的无线网络配置相匹配，包括正确的SSID和密码。

经过一番努力，终于解决了所有的网络配置问题，水质监测系统也成功地连接到了互联网，并开始根据水质数据自动更换水。可见，配置物联网网络层设备直接影响着网络连接的可靠性，对物联网系统功能的实现具有非常重要的意义。

任务准备

一、物联网网络层设备配置规范

1. 设备配置依据

为了采集现实世界中的感知数据信息，物联网工程设计方案中会使用各种类型的物联网设备。但大部分传感器设备、网络设备等都需要进行配置才能实现相关功能。物联网工程师应当依据技术规范要求，科学合理地完成物联网设备及配套设备（包括计算机软件）的配置工作，满足检验或校准的需要。设备配置可参考工程项目中的设备运行条件、设备维护和管理方法、工程安装位置等情况，合理调整配置内容。在特定场所中，还应考虑当地标准和自然环境条件。

2.设备配置要求

根据物联网工程施工图、实施方案和设备产品说明书等规范资料，准确核对设备配置要求后才能进行设备配置工作。设备配置前的常见操作步骤如下：

①查阅设备主要功能说明。

②精读工程实施标准。

③熟知设备运行环境。

④确定设备配置参数。

物联网工程实施人员需养成阅读设备技术参数、设备功能说明、实施标准的习惯，必须知晓该设备的工作参数、模式、协议、功能、运行环境等，方可进行设备配置工作。

3.设备配置注意事项

为了确保设备安全、可靠地运行，配置设备时需检查设备有无残损、锈蚀、碰伤等情况，配置设备要遵循以下注意事项：

①配置前检查设备连接与供电方式是否正确。

②阅读设备技术性能参数。

③确认设备已涵盖功能。

④认真查看工程设计方案。

二、网络设备配置

物联网网络设备的配置要求

物联网技术应用中典型的网络设备有路由器、交换机、物联网中心网关、串口服务器设备等。由于市面上没有统一的配置规定，不同厂家生产的同类设备的配置模式也不同，但设备功能大同小异。物联网工程实施与运维工程师在项目实施中需要查阅设备配套说明书，完成各类设备的配置工作。

1.路由器配置

路由器能通过查看从发送端送来的IP分组的头部源地址和目标地址信息，根据是否能正确投递（路由选择处理）到目标网络上，并实时检测网络链路的状态，做出最佳路由选择。

（1）上网方式配置（表2-1）

固定IP地址方式：手动配置路由器的WAN口的IP地址、子网掩码、默认网关和DNS服务器地址的方式。其适用于网络服务商提供固定IP地址的情况。

自动获得IP地址方式：路由器使用DHCP协议来自动获取WAN口IP地址的方式。路由器会向互联网服务商的DHCP服务器请求一个可用的IP地址，并自动配置所需的网络参数。

宽带拨号上网方式：路由器在此配置中，需要互联网服务商提供拨号用户名和密码。

对于具体的配置步骤和界面，建议参考路由器的配套说明书和厂商提供的指导文档。这样可以确保正确配置路由器的上网方式，并实现稳定的互联网连接。

表 2-1　上网方式配置表

常见配置方式	配置
宽带拨号上网	添加互联网服务商提供的账号和密码，进行 WAN 口拨号
固定 IP 地址	需手动设置 WAN 口地址参数信息
自动获取 IP 地址	自动获取 WAN 口地址参数信息

（2）LAN口参数配置

LAN口IP设置方式：分为自动和手动。在LAN-WAN级联或WDS无线桥接时，一般保持为自动。在采用LAN-LAN级联时，LAN口IP设置一般选择为手动，此时修改IP地址和主路由器在同一网段且不冲突。

IP地址：在LAN口设置选项下，配置IP地址，一般使用192.168.1.1。

子网掩码：在LAN口设置选项下，配置子网掩码，一般使用255.255.255.0。

（3）无线网络设置（表2-2）

无线路由器的配置

无线路由器除了使用有线介质进行互联外，还提供了无线连接功能。无线网络在路由器中常被称为Wi-Fi，它是一种基于IEEE 802.11标准的无线局域网技术。通过Wi-Fi技术，可以通过无线方式连接到路由器，实现快速的设备部署和网络连接。

目前常见无线路由器使用的Wi-Fi技术包括2.4 GHz和5 GHz频段。2.4 GHz和5 GHz表示了Wi-Fi操作的无线信号频率。同时使用这两个频段可以提供更大的覆盖范围和更高的传输速度。

对于无线网络的设置，常见的配置参数如下：

无线网络名称（SSID）：设置用于识别无线网络的名称。

无线密码：设置用于保护无线网络的密码，通常是字母混合数字。

密码认证类型：常见的是WPA-PSK/WPA2-PSK。

表 2-2　无线网络设置

常见配置参数	配置
无线网络名称	设置无线网络名称
无线网络密码	设置无线网络密码
密码认证类型	一般用户采用 WPA-PSK/WPA2-PSK

通过对无线网络的设置，建立适合需求的无线网络，提供稳定的无线连接，并确保网络的安全性。

（4）DHCP服务配置（表2-3）

DHCP（动态主机配置协议）服务能够自动为网络客户机分配IP地址、子网掩码、默认网关、DNS服务器等网络信息。在物联网项目的实施中，大多数路由器提供了DHCP服务配置功能，可以通过阅读设备的产品说明书来了解具体配置方法。

表 2-3　DHCP 服务配置

常见配置参数	配置
DHCP 服务器	选择未启用或启用（按需求选择）
地址池开始地址	设置 DHCP 服务器自动分配的 IP 的起始地址
地址池结束地址	设置 DHCP 服务器自动分配的 IP 的结束地址
地址租期	设置每个客户机分配到的 IP 地址的租期
网关地址	设置路由器 LAN 口的 IP 地址，缺省是 192.168.1.1
DNS 服务器	设置运营商提供给用户的 DNS 服务器

在路由器的DHCP服务配置中，需要填写以下参数：

IP地址范围：设置DHCP分配的IP地址范围，即可供客户机使用的IP地址的范围。

地址租期：设置每个客户机分配到的IP地址的租期，在租期到期后，客户机需要重新向DHCP服务器申请IP地址。

网关地址：填写默认网关的IP地址，该地址用于将数据包从客户机发送到其他网络。

DNS服务器：填写DNS服务器的IP地址，用于域名解析，将域名转换为对应的IP地址。

通过配置以上参数，路由器的DHCP服务可以为连接到网络的设备自动分配所需的网络信息，简化了网络管理和设备配置的过程。

请注意，在配置DHCP服务时，建议参考设备的产品说明书，以了解具体的配置界面和参数设置方法。不同厂商不同型号的路由器可能会有差异。

2.交换机配置

交换机提供了大量的RJ-45端口，它犹如星型拓扑的中心节点，可以为接入交换机的任意两个网络节点提供独享的电信号通路。物联网项目中的交换机主要用于将同一网络的多台设备连接起来，在接入层指引和控制通往网络资源的数据流。一般应用场景中，交换机采用默认配置即可，不需要再进行额外配置。

3.物联网中心网关配置

物联网中心网关可以看作感知网络与传统通信网络的纽带，该设备可以实现感知网络与通信网络之间的协议转换，既可以实现广域互联，也可以实现局域互联。目前市面上物联网中心网关的功能主要是配置网络参数、配置端口参数等。在实际配置时，需要查阅设备的产品说明书，确认设备具体功能和配置方法。

（1）物联网中心网关设备地址配置

网络参数配置包括设置网络的IP地址、子网掩码、网关等，以确保网络的正常通信。物联网中心网关设备地址配置参数见表2-4。

表 2-4　物联网中心网关地址配置

常见配置参数	配置
地址类型选择	选择自动或手动分配地址
IP 地址	设置设备 IP 地址
子网掩码	设置设备子网掩码
网关地址	设置转发数据的设备地址
DNS 地址	设置 DNS 服务地址

（2）物联网中心网关端口配置

在物联网工程实施中，物联网中心网关将连接一个或多个感知层设备。常见的连接方式包括RS-485接口、RS-232接口、RJ-45接口等。

在将感知层设备连接到物联网中心网关之前，需要先查看感知层设备的具体参数，如设备地址、波特率、数据位、校验位等。连接后，根据感知层设备的参数进行端口配置。物联网中心网关的端口参数配置可参考表2-5，此外，还需要添加感知层设备的名称、标识符和设备地址等参数。

表 2-5　物联网中心网关端口配置

常见配置参数	配置
端口类型	设置接入设备的端口类型，常用的有 RS-485/RS-232 等
波特率	设置接入设备的波特率值，常使用 9600
数据位	设置接入设备的数据位值，常使用 8
校验位	设置接入设备的校验位值，常使用 none
停止位	设置接入设备的停止位值，常使用 1

4.串口服务器配置

如果物联网工程在设计时采用了大量感知层设备，一般的物联网中心网关设备无法提供大量接入端口，所以为支持多个感知层设备接入，工程应用中可使用串口服务器来扩展端口数量。串口服务器提供串口转网络功能，能够将RS-232/485/422串口转换成TCP/IP网络接口，实现RS-232/485/422串口与TCP/IP网络接口的数据双向透明传输，或者支持MODBUS协议双向传输。

（1）串口服务器设备地址配置

在使用串口服务器设备时，通常需要设置一个固定的IP地址，以方便其他设备接入和管理。不同厂家的串口服务器在配置方式上可能存在差异，参考产品说明书来了解具体的配置方法。

一般来说，串口服务器的地址配置包括设置IP地址、子网掩码、网关和DNS等参数信息，见表2-6。

表 2-6　串口服务器地址配置

常见配置参数	配置
地址类型选择	选择自动或手动分配地址
IP 地址	设置设备 IP 地址

续表

常见配置参数	配置
子网掩码	设置设备子网掩码
网关	设置设备数据转发地址
DNS	设置 DNS 服务器地址

（2）串口服务器端口配置

串口服务器可以实现RS–485、RS–232等不同类型的串口连接方式。在连接感知层设备之前，首先要查看感知层设备的参数信息，如设备地址、波特率等。

根据感知层设备的参数信息，选择相应的接口类型（如RS–485或RS–232）来连接感知层设备。此时，需要确保串口服务器的串口接口与感知层设备的串口类型相匹配。串口服务器端口配置见表2–7。

表 2–7　串口服务器端口配置

常见配置参数	配置
工作方式	设置设备的工作方式，常用的有 TCP Client
波特率	设置设备的波特率值，常使用 9600
数据位	设置设备的数据位值，常使用 8
校验位	设置设备的校验位值，常使用 none
停止位	设置设备的停止位值，常使用 1

任务实施

一、任务环境

任务实施前必须准备好水产养殖环境监测系统的各项设备，见表2–8。

表 2–8　水产养殖环境监测系统设备清单

序号	设备 / 资源名称	数量
1	路由器（带无线功能）	1 个

续表

序号	设备 / 资源名称	数量
2	交换机	1 个
3	物联网中心网关	1 个
4	串口服务器	1 个
5	IOT 网络数据采集模块	1 个
6	ZigBee 协调器	1 个
7	LoRa 网关	1 个
8	NEW Sensor 通用版（水质 pH 传感器）	1 个
9	NEW Sensor 通用版（水质电导率传感器）	1 个
10	NB-IOT 空气质量传感器	1 个
11	温度传感器	1 个
12	水位传感器	1 个
13	报警器	1 个
14	抽水泵（实训中可用风扇代替）	1 个

二、识读系统拓扑结构

本任务提取真实水产养殖环境监测系统中的部分场景功能，选取水产养殖环境监测系统常见的传感器、采集器作为任务实施对象，系统结构图如图2–2所示。

三、工位布局图

熟悉水产养殖环境监测系统的安装部署图，明确设备的安装位置。完成水产养殖环境监测系统设备安装与布局，使设备布置合理，可参考图2–3。

四、设备接线图

阅读如图2–4所示的电气接线图，完成水产养殖环境监测系统的设备安装与接线。

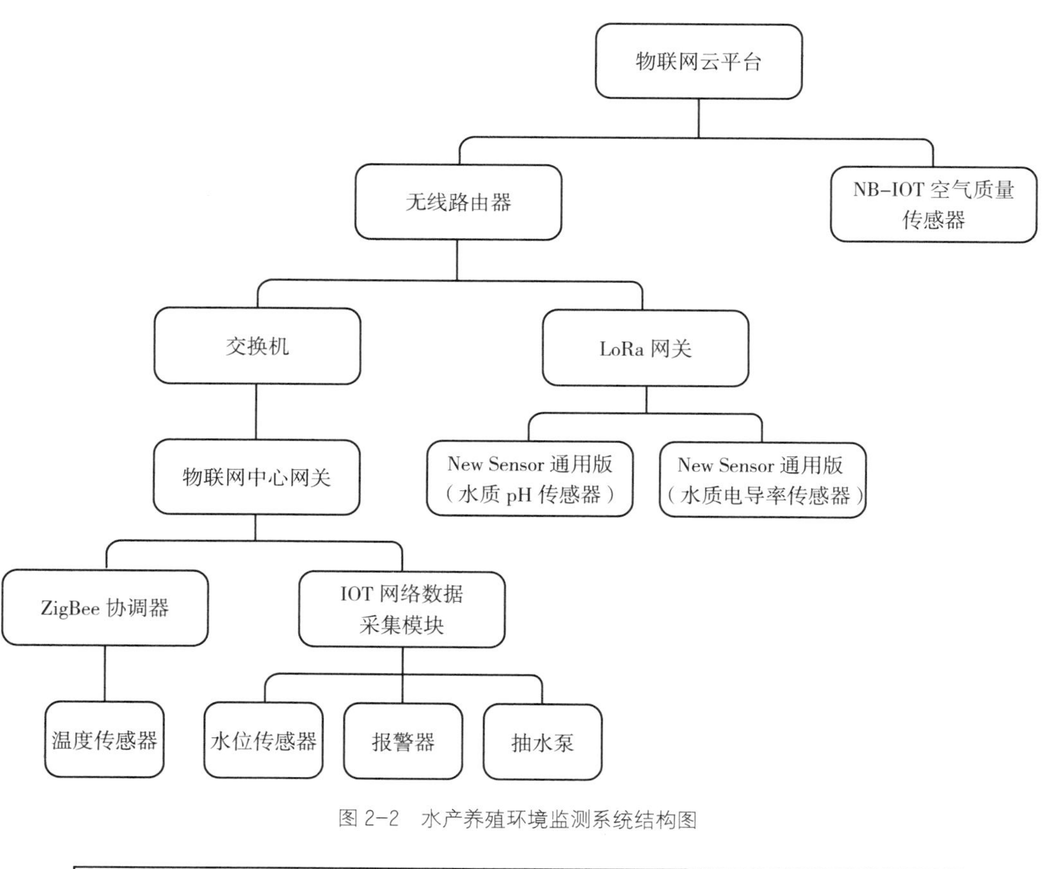

图 2-2　水产养殖环境监测系统结构图

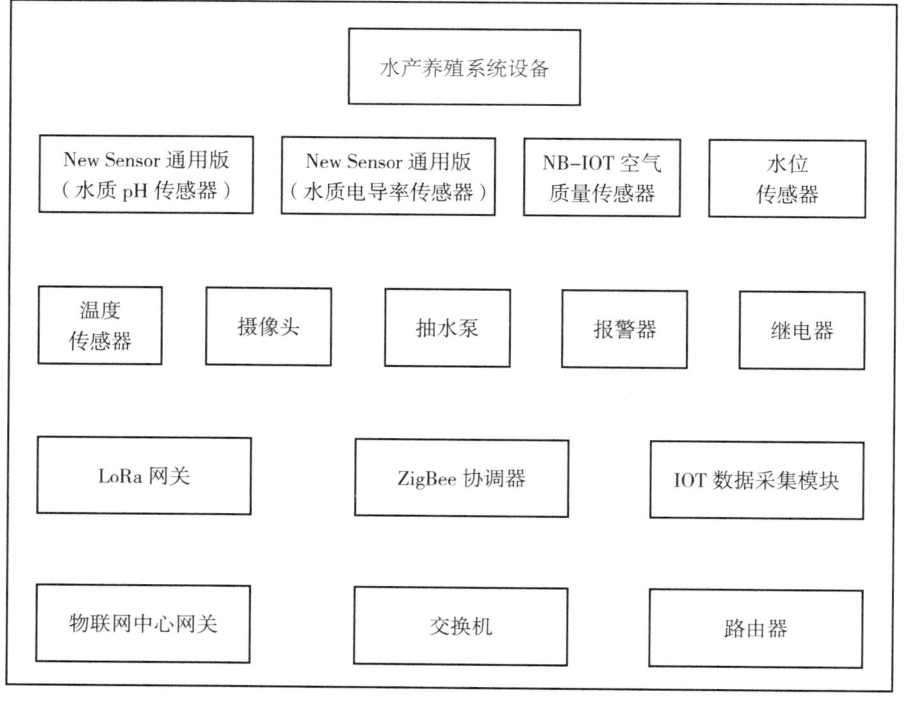

图 2-3　水产养殖环境监测系统的安装部署图

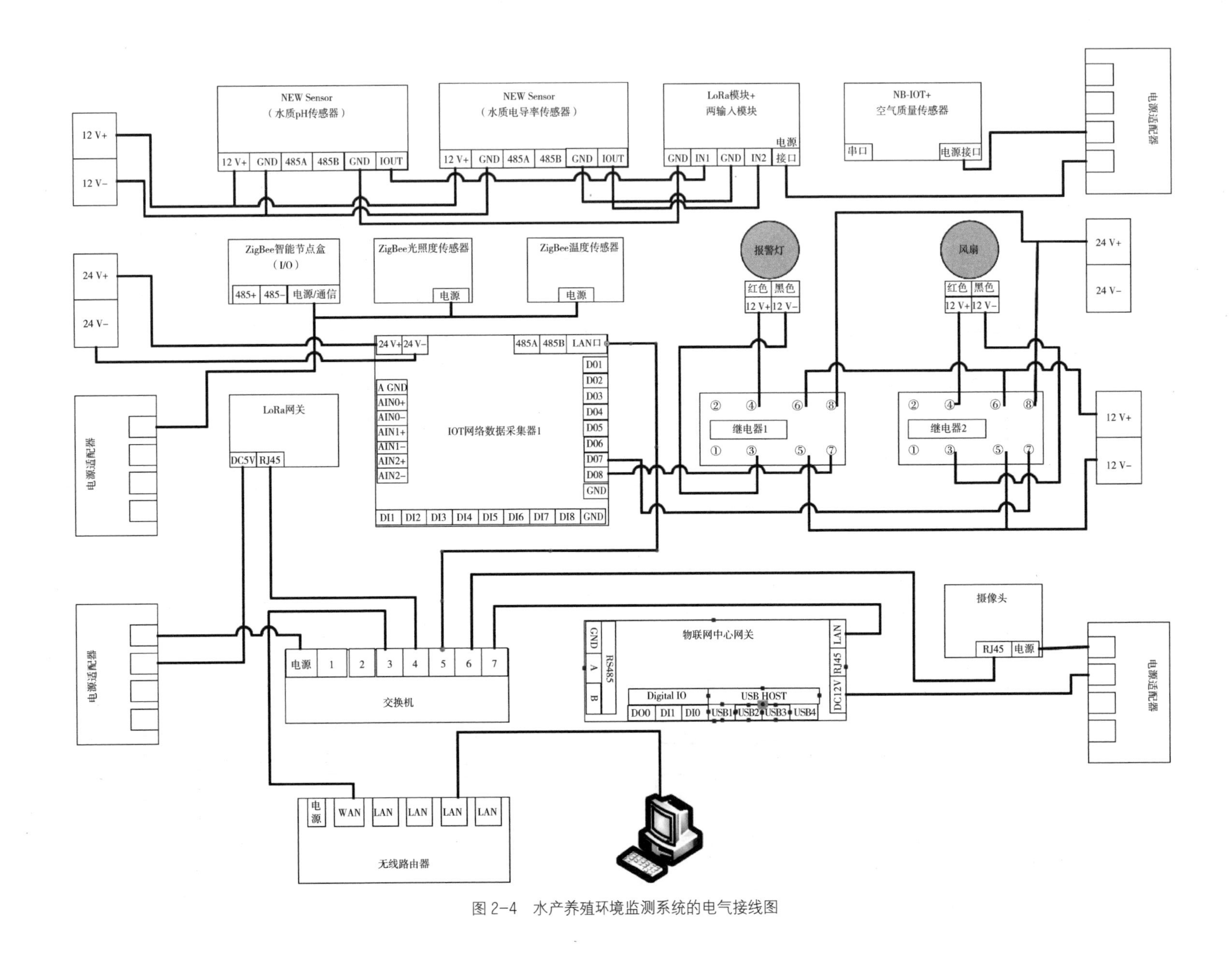

图 2-4 水产养殖环境监测系统的电气接线图

五、设备地址和端口划分

根据表2-9，对水产养殖环境监测系统设备地址或端口进行配置。

表 2-9　设备地址及端口表

设备名称	地址或端口
无线路由器	192.168.1.1/24
计算机	192.168.1.2/24
智能摄像机	192.168.1.13/24
物联网中心网关	192.168.1.100/24
串口服务器	192.168.1.11/24
数字量采集器 ADAM4150	01
温度传感器	02

六、配置路由器

①计算机连接到路由器的LAN口，在浏览器地址栏中输入路由器的默认IP地址192.168.1.1，输入用户名和密码（默认都为admin），如图2-5所示，这些信息通常写在路由器标签上。

图 2-5　路由器登录界面

②计算机连接到路由器的LAN口，打开无线路由器配置界面，如图2-6所示。设置路由器LAN口地址、子网掩码、网关等参数，见表2-10。

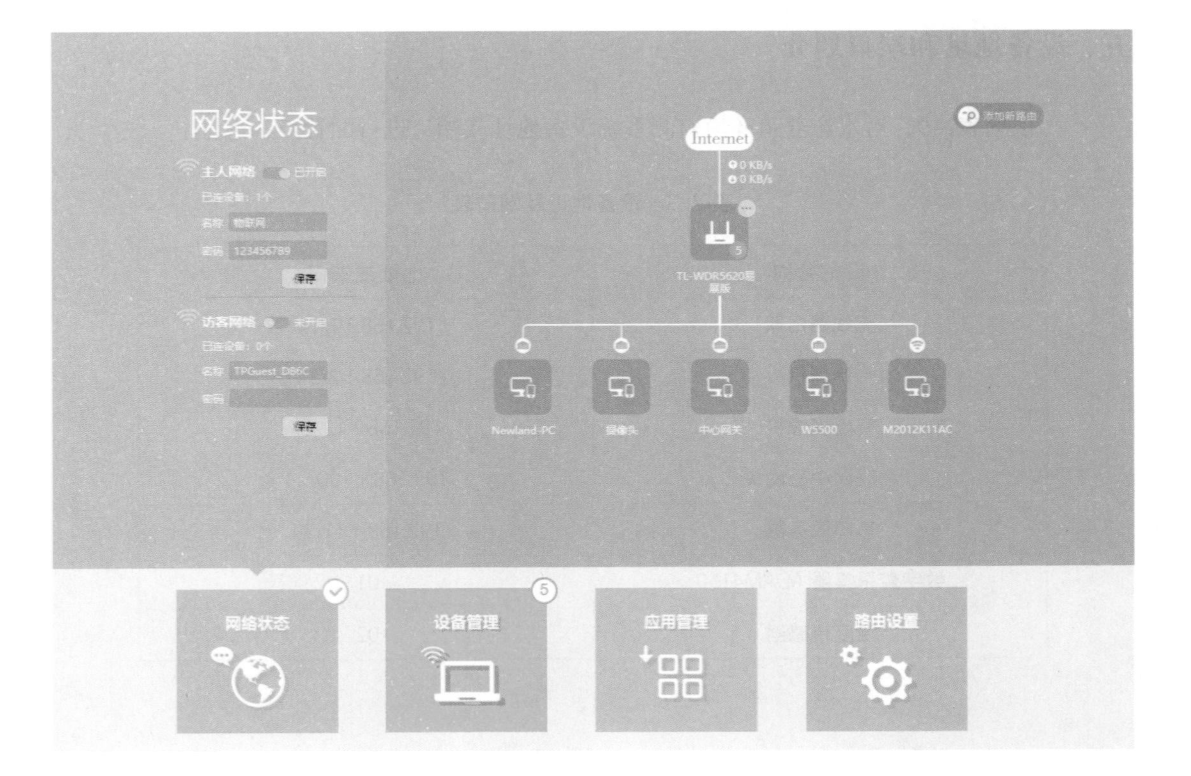

图 2-6　无线路由器配置界面

表 2-10　无线路由器配置参数

参数	配置内容
路由器 LAN 口 IP 地址	192.168.1.1
路由器子网掩码	255.255.255.0
路由器无线网络名称	水产养殖
路由器无线密码加密方式	WPA2-PSK/WPA-PSK
路由器上网方式	动态 IP

③上网设置，设置路由器上网模式为自动获得IP地址方式，设置完成后保存，如图2-7所示。

④无线设置，开启路由器2.4 GHz无线网络，设置无线网络名称为“水产养殖”，无线网络加密方式为WPA2-PSK/WPA-PSK，设置完成后保存，如图2-8所示。

⑤LAN口设置，路由器LAN口IP设置为手动模式，IP地址为192.168.1.1，子网掩码为255.255.255.0，设置完成后保存，如图2-9所示。

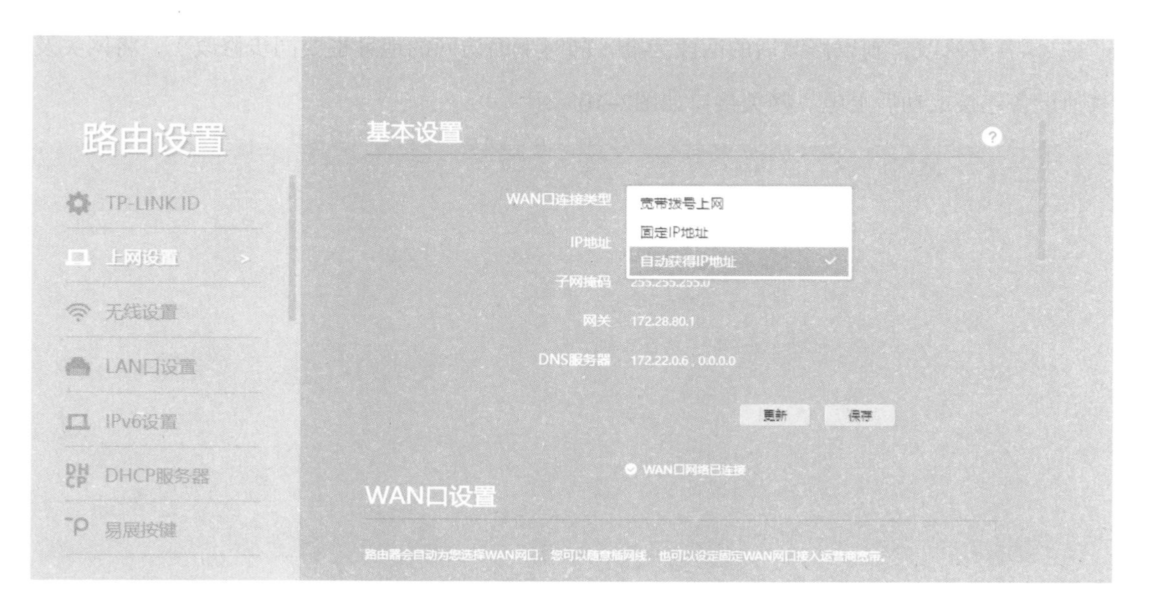

图 2-7　路由器上网模式设置

图 2-8　路由器 Wi-Fi 设置

七、配置交换机

交换机采用默认配置即可，不需要再进行额外配置。

八、配置物联网中心网关

①将物联网中心网关、路由器及计算机接入同一个局域网内（默认该局域网网段为

"1"，若有修改，则以修改后的网段为准，同时下面访问的地址也要同步修改），将网关及其他设备连接成功后上电。网关接口如图2-10所示。

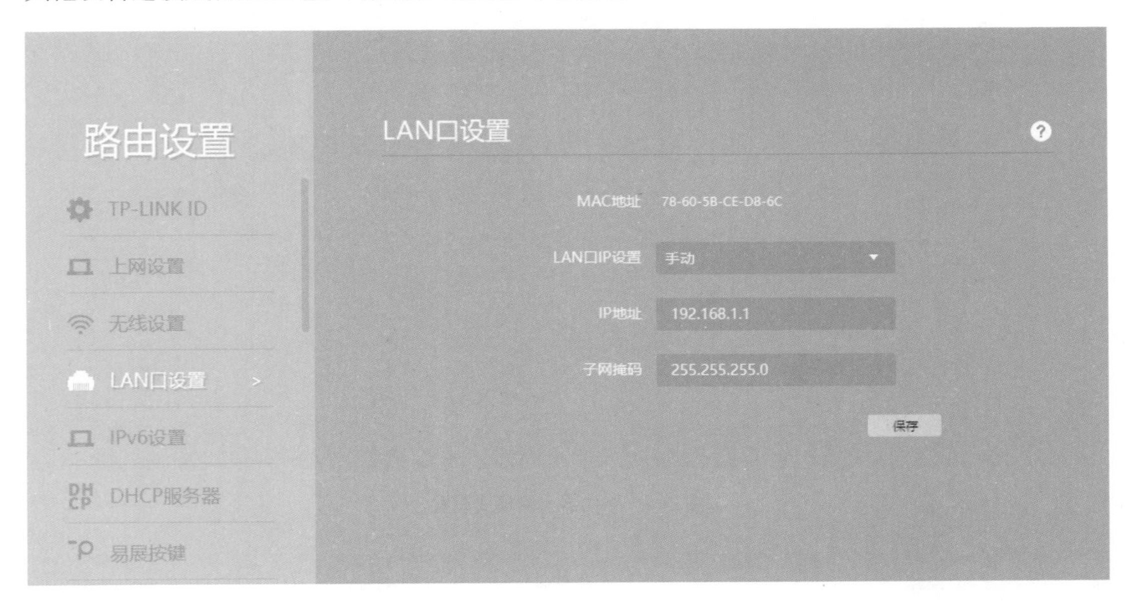

图 2-9　路由器 LAN 口设置

图 2-10　物联网中心网关接口

②在浏览器中访问"http：//192.168.1.100/"（初始默认地址），进入物联网中心网关登录页面。输入用户名和密码（两者默认为newland），单击"立即登录"按钮，跳转至网关配置中心首页，如图2-11所示。

③在左侧配置菜单中选择"设置网关IP地址"，在输入框中输入以下内容，IP地址：192.168.1.100，子网掩码：255.255.255.0，默认网关：192.168.1.1，DNS服务器：8.8.8.8，设置完成后单击"确定"按钮，如图2-12所示。

登录系统

* 用户名 newland

* 用户密码 •••••••

立即登录

图 2-11 物联网中心网关登录界面

图 2-12 物联网中心网关 IP 设置

九、配置串口服务器

①修改计算机IP地址为192.168.14.10。即打开计算机网卡，配置IP地址为192.168.14.10，子网掩码为255.255.255.0，如图2-13所示。

②完成地址配置后，打开浏览器输入192.168.14.200：8400（默认地址），进入串口服务器配置页面，如图2-14所示。

③单击“Network”按钮，修改串口服务器地址为192.168.1.11，子网掩码为255.255.255.0，如图2-15所示。

图 2-13　计算机 IP 地址

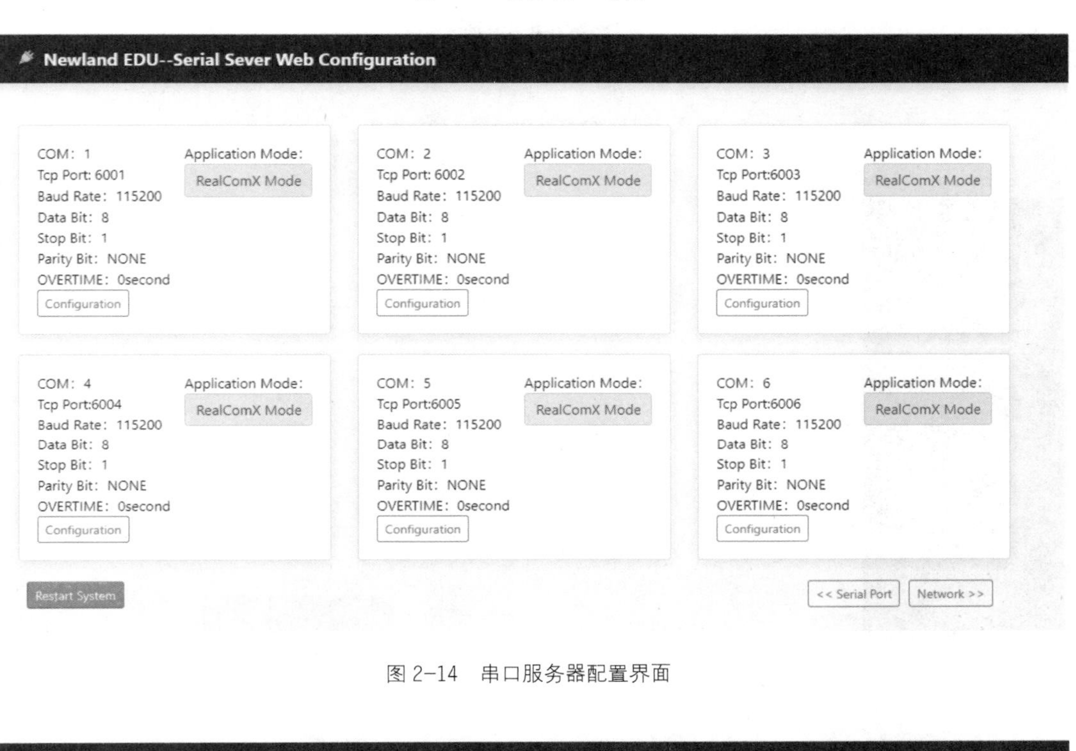

图 2-14　串口服务器配置界面

图 2-15　修改串口服务器地址

十、网络设备扫描

在计算机中打开Advanced IP Scanner软件，配置软件扫描地址范围为192.168.1.1—192.168.1.254，完成后单击“扫描”按钮，如图2-16所示。该软件可扫描到在192.168.1.X网络中的所有设备信息。

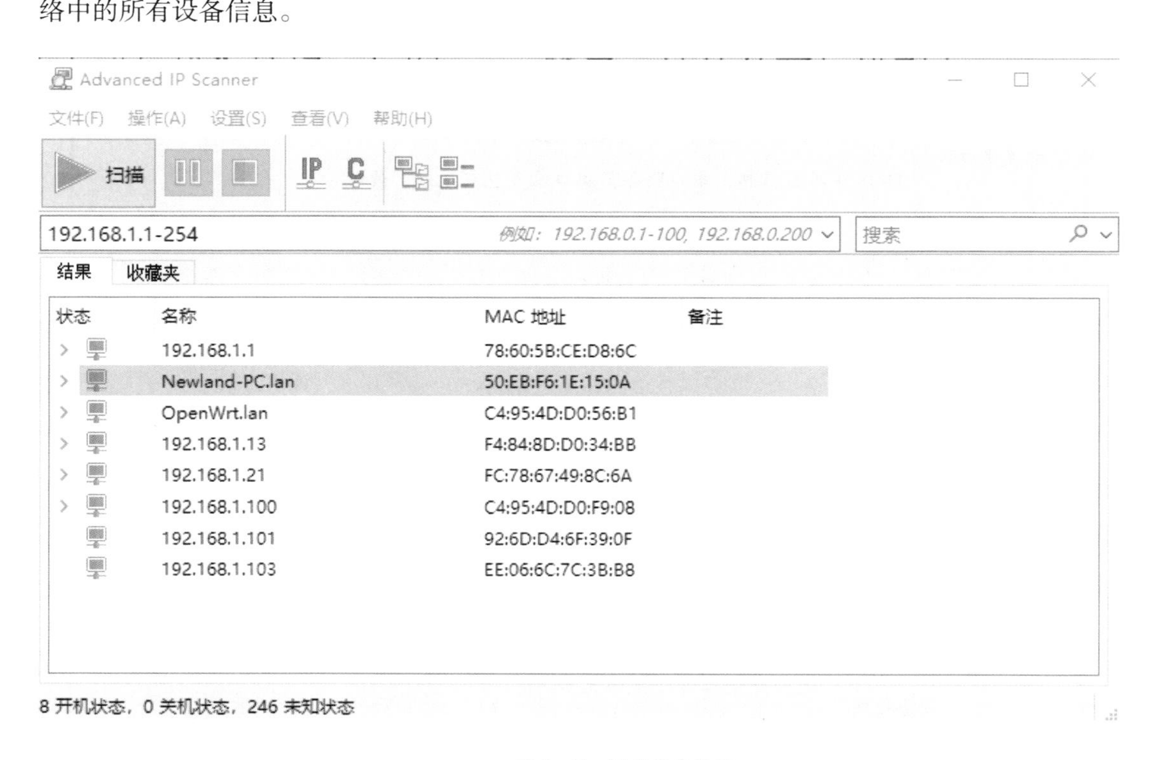

图 2-16　网络设备地址

任务工单

项目二	水产养殖环境监测系统设备配置
任务一	水产养殖环境监测系统网络层设备配置
班级：	小组：
姓名：	学号：
分数：	
1. 任务实施完成情况 若每个任务顺利完成则在“完成情况”处打“√”，否则打“×”，并在“备注”中写出未完成的内容。	

续表

任务	任务内容	完成情况	备注
①配置路由器	路由器上网方式、设备地址、无线网络设置		
②配置物联网中心网关	物联网中心网关设备地址配置，包括配置 IP 地址、子网掩码、网关地址、DNS 地址等参数，端口配置包括设备地址、波特率、数据位、校验位等参数		
③配置串口服务器	串口服务器地址配置，包含设置 IP 地址、子网掩码、网关、DNS 等参数信息，串口服务器端口配置包括地址、波特率等		

2. 任务检查与评价

评价项目	评价内容		配分/分	评价方式		
				自我评价	互相评价	教师评价
理论知识（20 分）	物联网设备配置规范		5			
	网络设备配置具体操作流程和方法		15			
专业技能（60 分）	设备工位布局	布局是否规范合理	5			
	设备接线	是否安全工作，接线是否规范	5			
	设备地址和端口划分	IP 地址规划是否准确合理；端口划分是否安全规范	5			
	配置路由器	路由器上网方式、设备地址、无线网络设置是否准确合理	15			
	配置物联网中心网关	设备地址配置中的 IP 地址、子网掩码、网关地址、DNS 地址等参数是否配置正确；端口配置中的设备地址、波特率、数据位、校验位等参数是否配置正确	15			

续表

评价项目	评价内容		配分/分	评价方式		
				自我评价	互相评价	教师评价
专业技能（60分）	配置串口服务器	串口服务器地址配置中的IP地址、子网掩码、网关、DNS等参数信息是否配置正确；串口服务器端口配置中的地址、波特率等是否配置正确	15			
素养能力（20分）	安全操作与工作规范	操作过程中严格遵守安全规范，注意断电操作，正确使用防静电设备，每处不规范操作扣1分	5			
		严格执行“6S”管理规范，积极主动完成工具设备整理	5			
	学习态度	认真参与教学活动，课堂互动积极	3			
		严格遵守学习纪律，按时出勤	3			
	合作与展示	小组之间交流顺畅，合作成功	2			
		语言表达能力强，能够正确陈述基本情况	2			
合计			100			

3. 任务自我总结

任务过程中遇到的问题	解决方式

任务小结

本任务紧贴智慧农业系统的真实应用环境，以提升物联网安装调试员设备配置能力为出发点，针对真实应用场景中常见的路由器、串口服务器、物联网中心网关等的配置方法展开实践训练，让学生掌握物联网网络设备的基本配置技巧。本任务相关知识和技能的思维导图如图2-17所示。

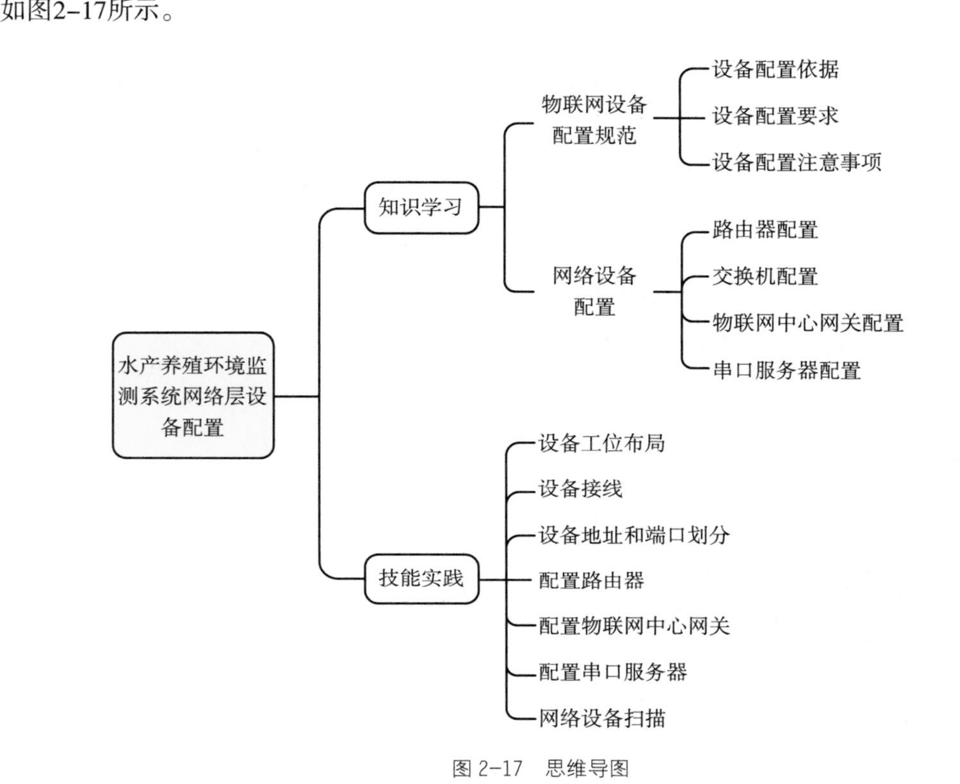

图 2-17 思维导图

任务拓展

请修改本任务中的无线路由器配置，要求如下：

①上网模式：固定IP地址方式，上网地址为172.28.80.12，子网掩码为255.255.255.0，网关为172.28.80.1，DNS服务器为172.22.0.6。

②开启Wi-Fi功能，Wi-Fi名称为test01，密码为abc@123。

任务二 水产养殖环境监测系统感知层设备配置

任务描述

物联网设备销售公司的小华在正确配置网络层设备后，还需要对水产养殖环境监测系统感知层设备进行配置，按照水产养殖环境监测的实际需求正确配置LoRa网关和LoRa节点、ZigBee协调器和ZigBee路由节点、IOT网络数据采集模块，确保设备正确采集传感器数据，并将数据传输到网络层。通过合理配置与调试，确保数据采集的准确性、及时性和可靠性，确保系统能够准确、稳定地监测养殖环境的各项数据，使得水产品健康生长和产量稳定。

任务要求

◎ 正确配置LoRa网关、LoRa节点模块。

◎ 正确配置ZigBee协调器和ZigBee路由节点。

◎ 正确配置NB-IOT设备。

◎ 正确配置IOT网络数据采集模块。

◎ 正确进行网络调试，实现水产养殖系统各种数据正常通信。

任务目标

知识目标

- 能描述物联网中三种常见的无线通信网络：LoRa、ZigBee、NB-IOT。
- 能详细描述LoRa节点与LoRa网关、ZigBee路由节点与ZigBee协调器、NB-IOT设备的重要配置参数。

能力目标

- 能依据环境监测的实际情况，正确配置LoRa节点与LoRa网关、ZigBee路由节点与ZigBee协调器、NB-IOT设备等。
- 能正确调试系统，确保系统准确、稳定地监测养殖环境的各项数据。

素养目标

- 培养团队协作能力。
- 培养精益求精的精神，提升解决问题的能力。
- 提升读写能力和科技助农的意识。

导学小阅读

浮标守护者：LoRa设备

在一个阳光明媚的早晨，中职物联网技术应用专业的同学们来到了智慧水产养殖基地，开始了一天的实践学习。基地里波光粼粼的水面下，各种鱼类悠闲地游弋，但在这片宁静之下，一场科技与自然的融合正悄然进行。

基地负责人张老师向同学们介绍："在这个水产养殖系统里，感知层设备就像是我们的眼睛和耳朵，它们能够实时感知水体的各种参数，为养殖提供精准的数据支持。"

他指着远处的一个白色盒子说："这就是我们的 LoRa 网关，它就像是一个智能的交通枢纽，负责将各个 LoRa 节点模块收集到的数据汇集起来，并传输到控制层进行分析处理。"

同学们纷纷围上前去，好奇地打量着这个神奇的盒子。张老师笑着说："你们知道吗？这个网关就像是我们班级里的班长，不仅要负责收集大家的意见和建议，还要将这些信息传递给老师，帮助老师更好地了解大家的需求。"

接着，张老师带领大家来到池塘边，指着池塘中一个个小巧的浮标说："这些就是 LoRa 节点模块，它们分布在池塘的各个角落，能够实时监测水温、溶解氧、pH 值等关键参数。"

"同学们，你们想象一下，如果这些浮标没有正常工作，池塘里的鱼儿会面临怎样的风险？"张老师问道。

"没有足够的氧气，鱼儿会窒息！"一个同学抢答道。

"对！这就是感知层设备的重要性。它们需要正确配置才能发挥作用，才能让它们像'守护神'一样，时刻守护着池塘的生态平衡。"张老师赞赏地点点头。

在接下来的学习中，同学们亲身体验了如何配置 LoRa 网关和节点模块。他们互相帮助、共同学习，不仅掌握了知识，学会了如何配置水产养殖环境监测系统的感知层设备，还明白了科技与自然和谐共生的重要性。

任务准备

一、LoRa设备配置

LoRa是一个低功耗局域网无线标准，其最大特点是在同样的功耗条件下比其他无线方式传播的距离更远，实现了低功耗和远距离的共有特性。目前市面上基于LoRa技术的通信设备功能主要有串口转换设备、数据采集设备等。

LoRa 设备配置

1.LoRa节点配置（表2-11）

LoRa节点地址配置：每个LoRa节点具有唯一的地址，这样网络才能够识别和区分网络中的各个设备。一个传感器对应一个节点地址，分配设备地址非常重要。

频段配置：LoRa在不同的地区和国家可能会使用不同的频段，频段的选择通常受到当地电信管理机构的监管和规范，以确保LoRa设备的合法使用并避免与其他无线设备互相干扰。LoRa网络中的节点频段和网关都必须保持一致。（注：实训中LoRa频段配置范围为4 200~4 400）

网络ID配置：LoRa网络ID是在LoRaWAN中用于标识一个特定网络的唯一标识符。LoRa网络中的节点网络ID和网关都必须保持一致。

表 2-11　LoRa 节点配置

常见参数	配置
节点地址	每个 LoRa 节点设置唯一的地址
频段	LoRa 频段配置范围为 4 200~4 400
网络 ID	设置网络的唯一标识符

2.LoRa网关配置（表2-12）

路由传输设置：设置无线路由器的Wi-Fi热点名和密码，设置正确，LoRa网关才能与路由器进行数据通信。

上云设置：设置云平台的IP和端口号、设备标识符、传输密钥（云平台的传输密钥一致），配置以上参数用于连接云平台、传输数据。

设备数量设置：根据实际连接的LoRa节点数量而定。

频段配置：LoRa网关的频段和节点都必须保持一致。

网络ID配置：LoRa网关的网络ID和节点都必须保持一致。

表 2-12　LoRa 网关配置

常见参数	配置
路由传输	设置无线路由器的 Wi-Fi 热点名和密码
上云参数	设置云平台 IP 和端口号、设备标识符、传输密钥
设备数量	根据实际连接的 LoRa 节点数量设置
频段	设置 LoRa 频段配置范围为 4 200~4 400
网络 ID	设置网络的唯一标识符

二、ZigBee设备配置

ZigBee是一种低功耗、低成本的无线短距离通信技术。它基于IEEE 802.15.4标准，并添加了自己的网络、安全和应用层协议，使其适用于各种物联网应用。

1.ZigBee设备类型

ZigBee设备分为协调器和路由节点，配置时需区分设备。配置ZigBee设备时首先需要确定ZigBee设备类型，不同类型ZigBee设备的配置见表2-13。

表 2-13　不同类型的 ZigBee 设备配置

常见类型	配置
路由节点	设备组网模式为 Router，该模式一般用于连接传感器设备，网络中可以有多个
协调器	设备组网模式为 Coordinator，该模式一般用于汇聚路由节点设备的数据，网络中只有一个

2.ZigBee路由节点配置（表2-14）

ZigBee路由节点参数配置包含PAN ID、通道、设备ID、波特率、传感器类型等的配置。其中，PAN ID和通道需与协调器的PAN ID和通道一致。

表 2-14　ZigBee 路由节点配置

常见网络参数	配置
PAN ID	设置网络标识符
通道	设置信息传递过程中的流通渠道
设备 ID	设置设备标识符，每个设备的 ID 是唯一的
波特率	设置数据信号调制载波的速率
传感器类型	根据所需的传感器功能选择，如温度传感器、人体红外传感器、光照传感器等

3.ZigBee协调器配置（表2-15）

ZigBee协调器参数配置包含PAN ID、通道、设备ID、波特率等的配置。其中，PAN ID和通道需与路由节点的PAN ID和通道一致。

表 2-15　ZigBee 协调器配置

常见网络参数	配置
PAN ID	设置网络标识符
通道	设置信息传递过程中的流通渠道
设备 ID	设置设备标识符，每个设备的 ID 是唯一的
波特率	设置数据信号调制载波的速率

三、NB-IOT设备配置

NB-IOT（Narrowband Internet Of Things）是一种低功耗广域网（LPWAN）技术，专门设计用于支持大规模物联网设备的连接。它是一种窄带物联网技术，具有广覆盖、低成本、低功耗和高连接密度的特性。

NB-IOT 设备配置

1.选择网络供应商

使用NB-IOT设备需要选择网络供应商（中国移动、中国联通）和NB-IOT通信卡（与手机SIM卡类似）。

2.网络参数配置

选择设备的网络供应商后，还需对NB-IOT设备常见的网络参数进行配置，具体见表2-16。

表 2-16　NB-IOT 设备配置

常见网络参数	配置
工作模式	设置工作模式，常见的有 TCP/UDP、MQTT、HTTP 等
波特率	设置数据信号调制载波的速率
目标地址	设置接收数据的设备地址
目标端口	设置接收数据的设备端口

任务实施

本任务将在任务一的基础上，进一步完成物联网中的感知层设备配置工作，包括水产养殖监测系统中常见传感器设备的配置和物联网中心网关设备的添加、数据查看等。

1.配置LoRa节点

New Sensor（NS）是为教育教学研发的替代环境指标的传感器。因为实训场地无法采集真实的水产养殖的水质环境，所以在本项目中用New Sensor代表相对应的传感器（水质pH传感器、水质电导率传感器），即New Sensor中运行水产养殖的虚拟水质数据。

NS配置步骤如下：

①NS连接485转232接头，再连接计算机，通过计算机对NS进行配置。

注意：计算机与NS连接的485数据线不宜过长，避免配置失败。配置下一个New Sensor时，上电后需等待20 s左右再配置。

②打开配置工具，在COM号中填写相应的串口号。在New Sensor（水质pH传感器）的设备地址中填写1，单击“设置地址”；工作模式选择LoRa模式，单击“设置模式”；频段的设置范围为4 200~4 400，本任务设置4 200，单击“设置频段”；网络ID填写1，单击“设置ID”。完成以上配置后，通过“读取”，可以查看设置的地址、模式、频段和网络ID是否正确，如图2-18所示。

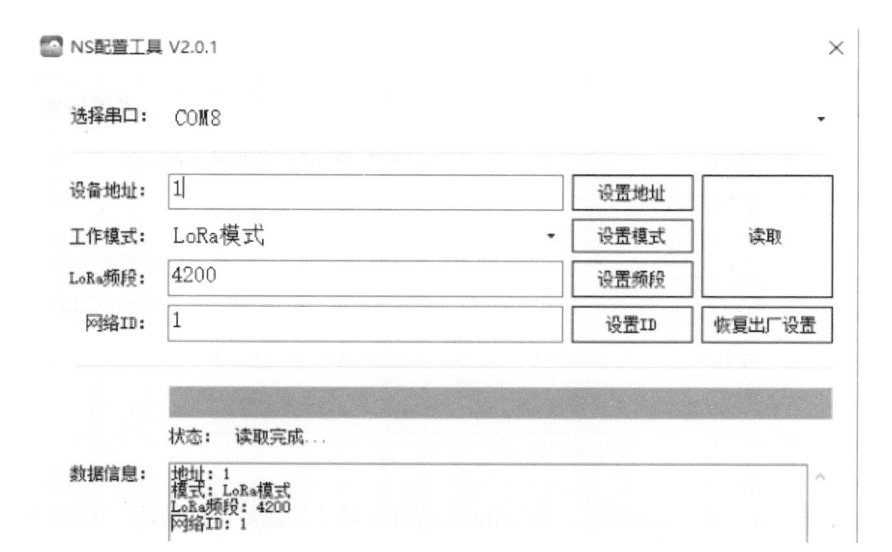

图 2-18　LoRa 节点配置

③New Sensor（水质电导率传感器）设备与New Sensor（水质pH传感器）配置方法一致，注意设备地址填写2。

2.配置LoRa网关

正确配置LoRa网关参数，确保两个NS与LoRa网关通信，再传输数据至云平台，具体步骤如下：

①LoRa网关通过USB转串口线连接计算机，拨码开关拨到“下载”，上电，通信灯变为绿色（说明启动完成），如图2-19所示。

图 2-19　LoRa 网关启动

②打开配置工具，选择对应串口号并打开，配置LoRa网关参数，见表2-17。

表 2-17　LoRa 网关参数

配置项名	参数信息	配置项名	参数信息
Wi-Fi 热点名	水产养殖	Wi-Fi 密码	123456789
云平台 IP	121.37.241.174	端口号	8600
设备标识符	自定义，如 LR0003	传输密钥	云平台传输密钥（fed16a4e72ab48908d30bf040f723dd6）
设备数量	2（两个 NS）	设备频率	4 200
网络 ID	1		

③配置完毕后，如图2-20所示，将LoRa网关的拨码开关拨到“工作”，然后重启。

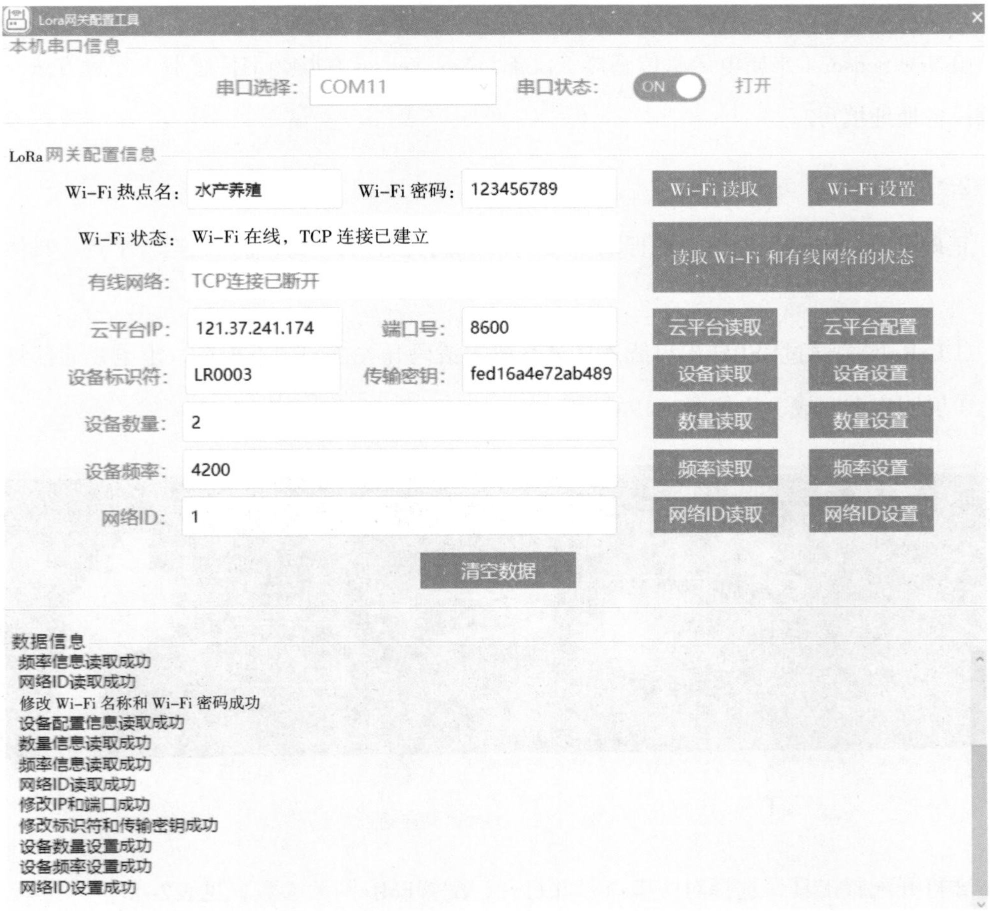

图 2-20　LoRa 网关配置工具

3.配置ZigBee路由节点

ZigBee无线组网通信，必须配置相同的通道和PAN ID，本任务采用新大陆的ZigBee智能节点盒（温度传感器），具体步骤如下：

①ZigBee节点通过USB转串口线与计算机连接，上电。

②在计算机上打开ZigBee配置工具，选择对应的串口和波特率9 600，然后打开串口，配置ZigBee节点参数，见表2-18，配置结果如图2-21所示。

表 2-18　ZigBee 路由节点参数

配置项名	参数信息	配置项名	参数信息
设备类型	Router	PAN ID	F0001
设备 ID	0001	通道	11

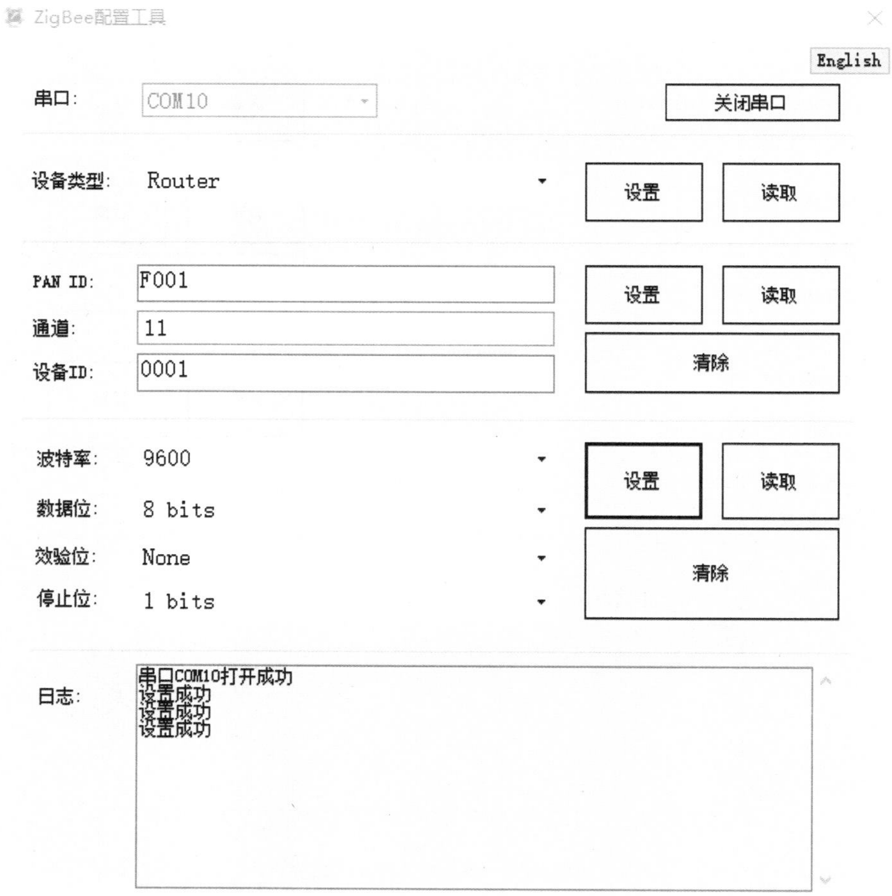

图 2-21　ZigBee 路由节点配置

4.配置ZigBee协调器

ZigBee协调器配置方法与ZigBee路由节点一致，只是配置参数不同，具体见表2-19。

表 2-19　ZigBee 协调器参数

配置项名	参数信息	配置项名	参数信息
设备类型	Coordinator	PAN ID	F001
设备 ID	0000	通道	11

配置结果如图2-22所示，完成后，协调器设备“连接”指示灯将常亮，ZigBee路由节点设备“连接”指示灯将闪烁，表示ZigBee设备连接配置正确，连接成功，如图2-23所示。

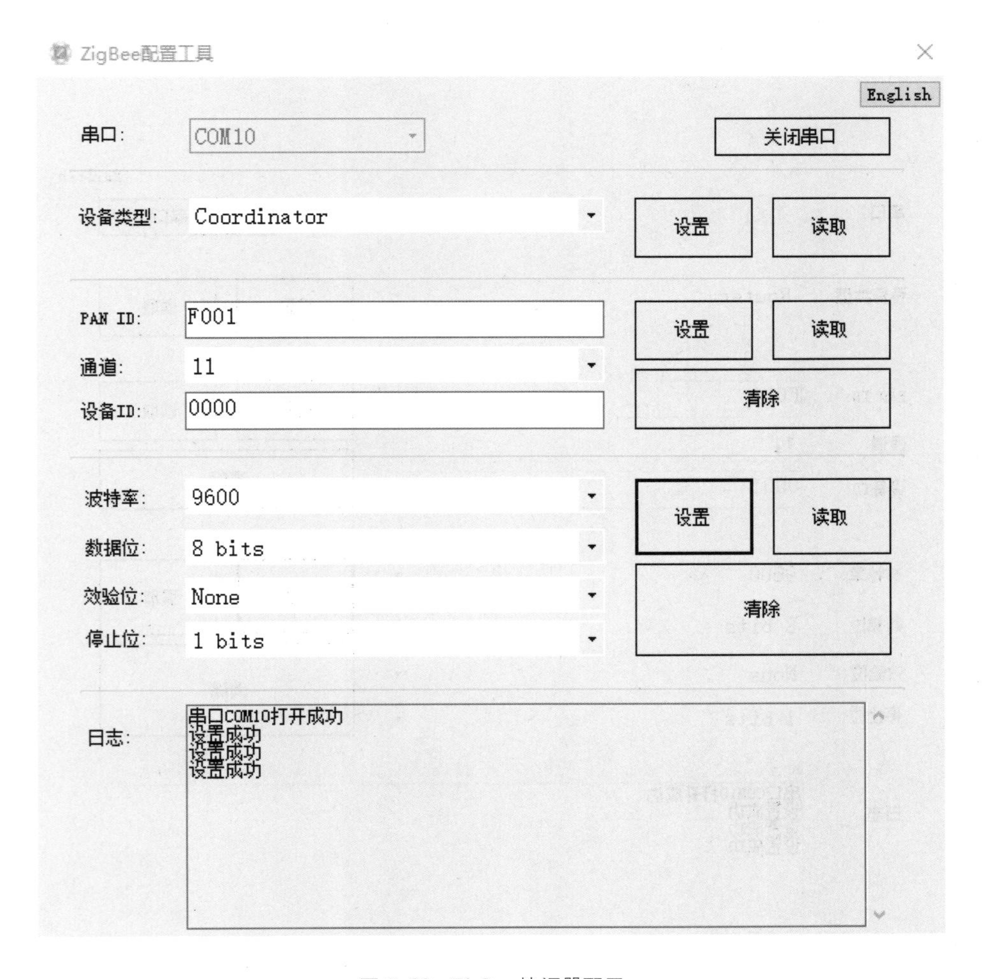

图 2-22　ZigBee 协调器配置

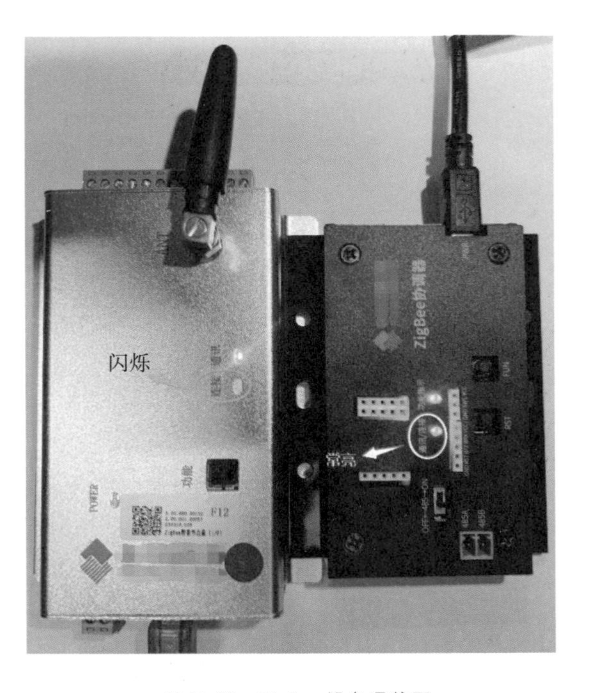

图 2-23　ZigBee 设备通信图

5.配置NB-IOT设备

本任务采用新大陆NB-IOT模块设备（空气质量传感器），NB-IOT模块在使用前需要对其进行底板烧写。具体步骤如下：

①把NB-IOT模块按图2-24所示方向放置于智慧盒内；电源线一端连接智慧盒，一端连接计算机进行通电。按照标注②把拨码开关全部上拨（或者：1、2向下方拨，3、4向上方拨）；按照标注①把开关拨向左方丝印M3芯片处；按照标注③把开关拨向右方下载处。

②在计算机的“设备管理器”中查看对应的串口号，如图2-25所示。

③打开STMFlashLoader Demo软件，选择对应的串口，单击“Next”按钮，如图2-26所示。

④选择MCU型号为STM32L1_Cat1-128K类型，单击“Next”按钮，如图2-27所示。

⑤选择STM32-NB_IOT.hex（已准备好）下载程序对应的路径，单击“Next”按钮，如图2-28所示。

⑥等待30 s左右下载完毕，如图2-29所示。

⑦切断电源，在NB-IOT模块的背面插入NB-IOT卡，如图2-30所示。

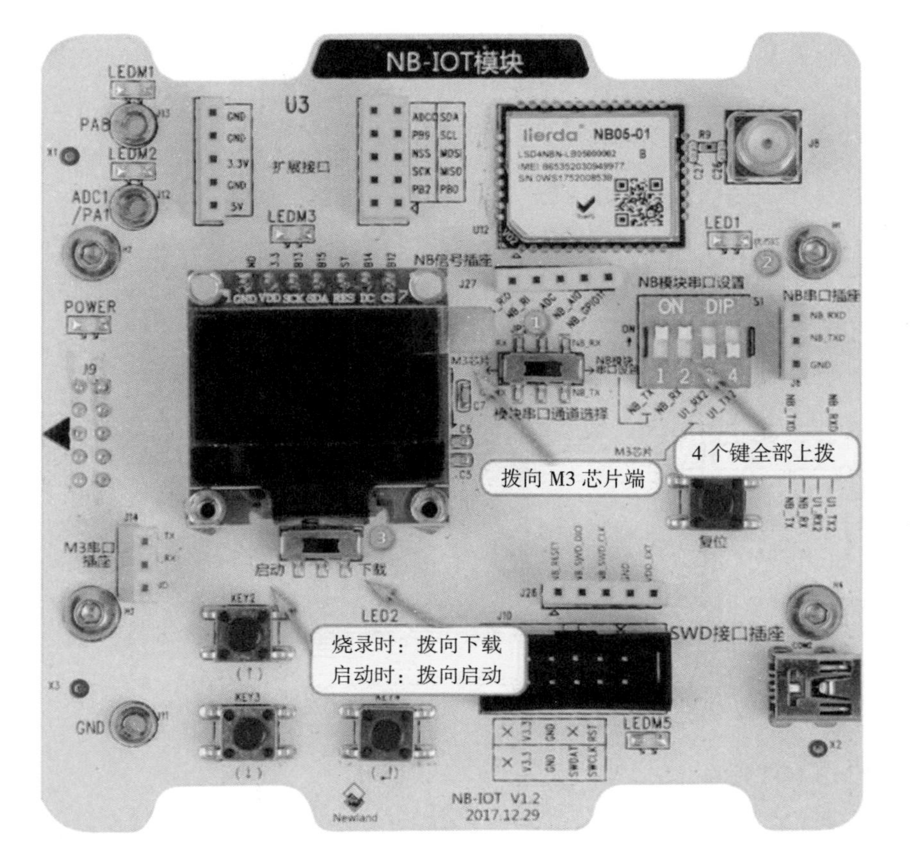

图 2-24 NB-IOT 模块（正面）

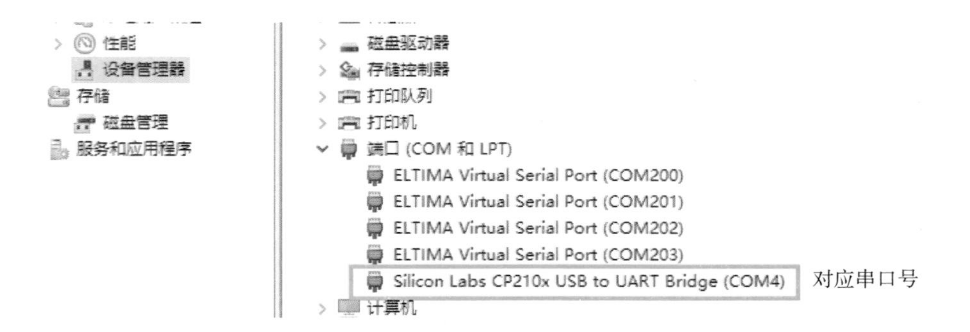

图 2-25 PC 端串口号

⑧把图2-24中标注③的拨码开关向左拨至启动处，重新上电即可使用，至此NB-IOT模块准备完毕。

后续登录云平台，创建NB-IOT，添加设置后，显示设备在线状态，可获取到NB-IOT传感设备数据。

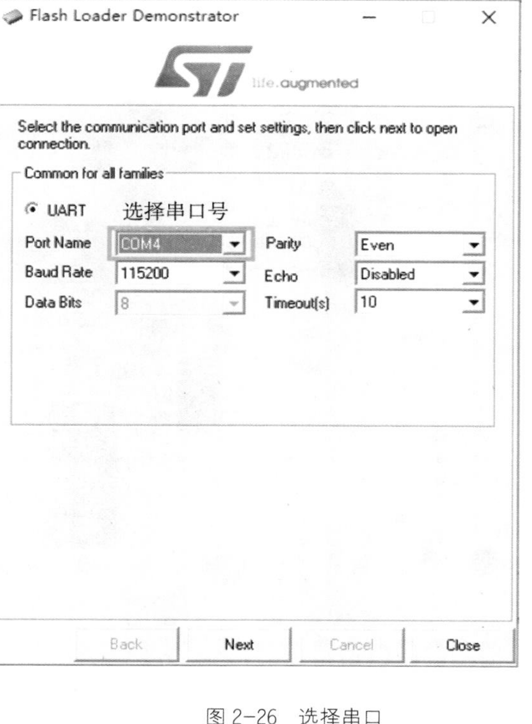

图 2-26　选择串口

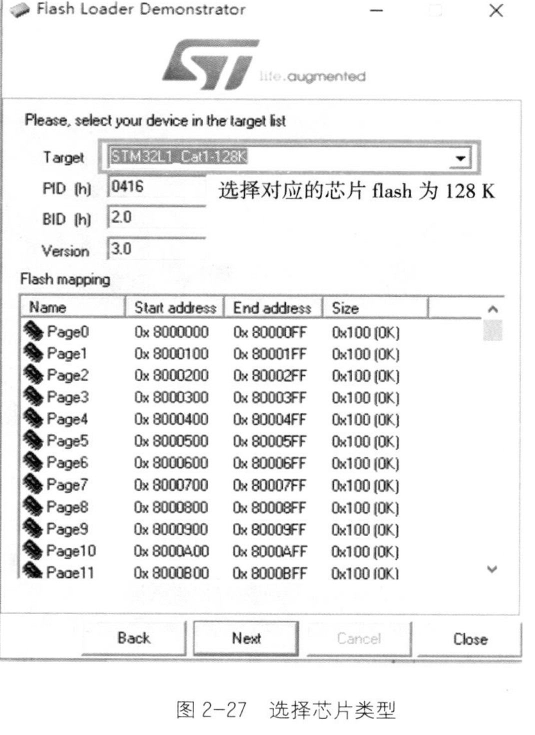

图 2-27　选择芯片类型

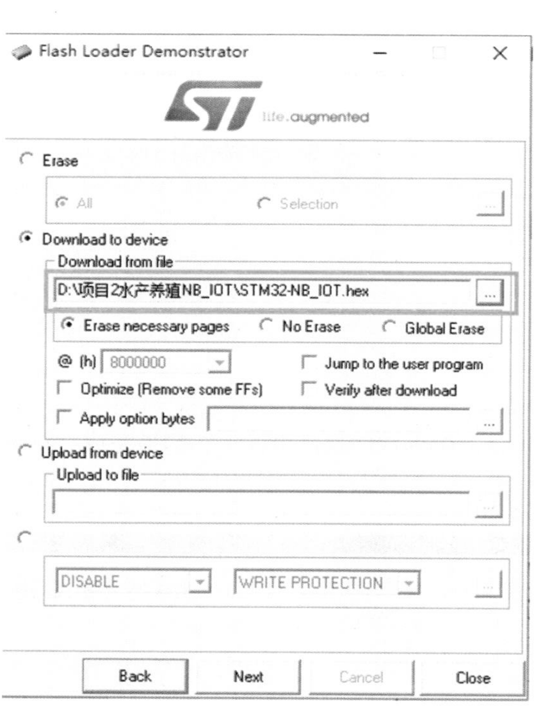

图 2-28　选择 Hex 文件路径

Flash Loader Demonstrator

life.augmented

Target	STM32L1_Cat1-128K
Map file	STM32L1_Cat1-128K.STmap
Operation	DOWNLOAD
File name	D:\项目2水产养殖NB_IOT\STM32-NB_IOT.hex
File size	37.08 KB (37972 bytes)
Status	37.08 KB (37972 bytes) of 37.08 KB (37972 bytes)
Time	00:06

Download operation finished successfully

Back　Next　Cancel　Close

图 2-29　程序烧写

图 2-30　NB-IOT 模块（背面）

6.配置摄像头

摄像头配置步骤如下：

①计算机连接到摄像头的RJ-45接口，使用GuardTools软件扫描摄像头，扫描完成后将摄像头地址修改为192.168.1.13，如图2-31和图2-32所示。

图 2-31　扫描摄像头

图 2-32　摄像头地址修改

②在浏览器中输入摄像头的新IP地址，在页面中输入默认用户名：admin，密码：admin。登录成功，可以通过调整“亮度”“对比度”等参数，让摄像头显示画面更清晰，如图2-33所示。

图 2-33　摄像头画面调整

7.配置执行设备

本任务中的执行设备包含报警器和风扇（说明：用风扇代替抽水泵），执行设备连接继电器，再连至IOT网络采集器，通过物联网中心网关传到云平台。物联网中心网关是感知网络与传统通信网络的纽带，可以实现不同类型网络之间的协议转换。物联网中心网关在添加设备时包括新增连接器、新增传感器/执行器。

执行器配置信息见表2-20。

表 2-20　执行器配置信息

设备	配置参数	标识名称
报警器	执行器名称：警示灯； 设备 IP：192.168.103.50； 设备端口：502； 从机地址：01； 功能号：01； 起始地址：0001	m_alarmlight
风扇	执行器名称：风扇； 设备 IP：192.168.103.51； 设备端口：502； 从机地址：01； 功能号：01； 起始地址：0002	m_fan

①新增连接器：在水产养殖环境监测系统的物联网中心网关中需要创建1个“新增连接器”，如图2-34所示。

②添加执行器：完成新增连接器后，会出现“添加传感器”和“添加执行器”两个按钮，添加执行器中的报警灯和风扇设备，如图2-35至图2-37所示。

所有IOT网络采集器设备在物联网中心网关上配置完成后，都必须将网关的配置信息同步到云平台上。

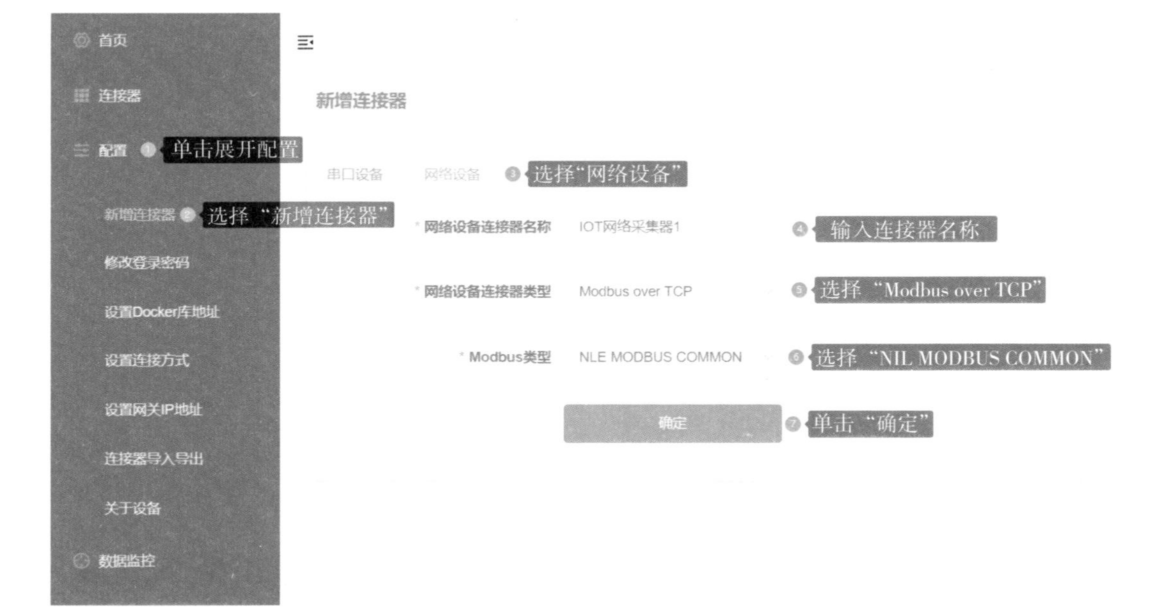

图 2-34　中心网关新增连接器

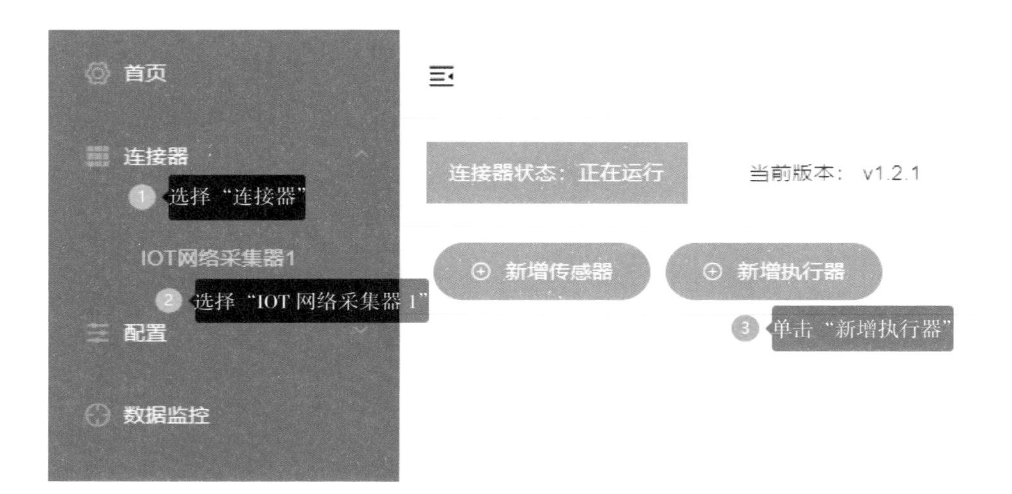

图 2-35　新增设备界面

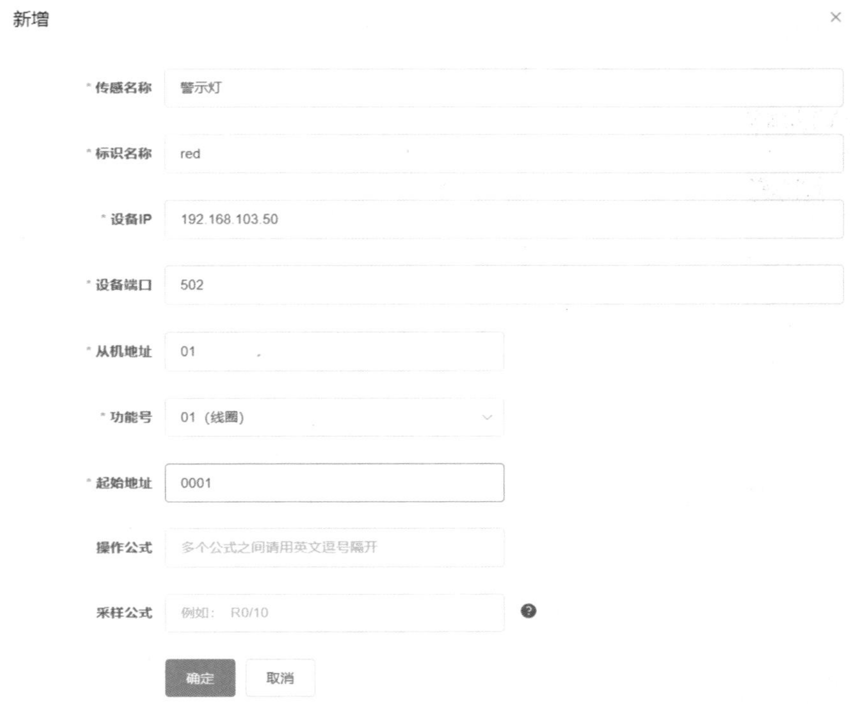

新增
* 传感名称 警示灯
* 标识名称 red
* 设备IP 192.168.103.50
* 设备端口 502
* 从机地址 01
* 功能号 01（线圈）
* 起始地址 0001
操作公式 多个公式之间请用英文逗号隔开
采样公式 例如： R0/10
确定 取消

图 2-36 新增报警器设备

新增
* 传感名称 风扇
* 标识名称 Fan
* 设备IP 192.168.103.51
* 设备端口 502
* 从机地址 01
* 功能号 01（线圈）
* 起始地址 0002
操作公式 多个公式之间请用英文逗号隔开
采样公式 例如： R0/10
确定 取消

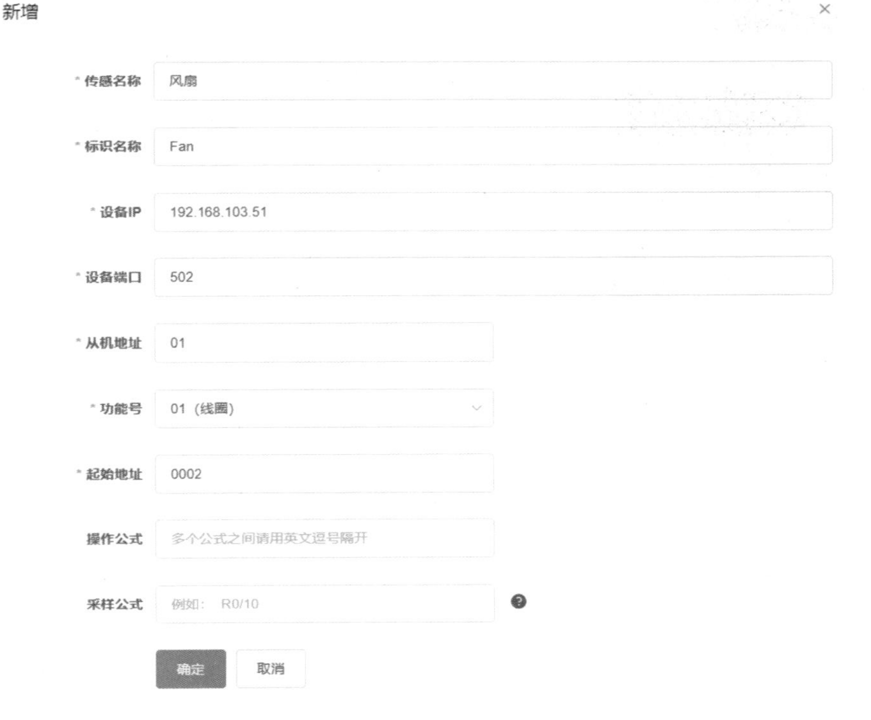

图 2-37 新增风扇设备

任务工单

项目二	水产养殖环境监测系统设备配置	
任务二	水产养殖环境监测系统感知层设备配置	
班级：		小组：
姓名：		学号：
分数：		

1. 任务实施完成情况

若每个任务顺利完成则在“完成情况”处打“√”，否则打“×”，并在“备注”中写出未完成的内容。

任务	任务内容	完成情况	备注
①配置 LoRa 设备	节点配置、网关配置		
②配置 ZigBee 设备	路由节点配置、协调器配置		
③配置 NB-IOT 设备	设备配置、烧写		
④配置摄像头	设备连接、IP 地址修改、设备参数调整等		
⑤配置执行设备	报警器、风扇等设备的新增、添加设置		

2. 任务检查与评价

评价项目	评价内容		配分/分	评价方式		
				自我评价	互相评价	教师评价
理论知识（20 分）	物联网设备配置规范		5			
	网络设备配置具体操作流程和方法		15			
专业技能（60 分）	配置 LoRa 设备	LoRa 节点、LoRa 网关是否配置正确	12			
	配置 ZigBee 设备	ZigBee 路由节点、ZigBee 协调器是否配置正确	12			
	配置 NB-IOT 设备	NB-IOT 设备配置、烧写是否正确，操作是否规范	12			
	配置摄像头	摄像头设备连接、IP 地址修改是否正确；设备参数调整是否合理	12			
	配置执行设备	报警器、风扇等设备的新增、添加设置是否成功完成；配置是否正确	12			

续表

评价项目		评价内容	配分/分	评价方式		
				自我评价	互相评价	教师评价
素养能力（20分）	安全操作与工作规范	操作过程中严格遵守安全规范，注意断电操作，正确使用防静电设备，每处不规范操作扣1分	5			
		严格执行“6S”管理规范，积极主动完成工具设备整理	5			
	学习态度	认真参与教学活动，课堂互动积极	3			
		严格遵守学习纪律，按时出勤	3			
	合作与展示	小组之间交流顺畅，合作成功	2			
		语言表达能力强，能够正确陈述基本情况	2			
合计			100			

3. 任务自我总结

任务过程中遇到的问题	解决方式

任务小结

本任务在任务一的基础上，对水产养殖环境监测系统传感器、执行器、无线传输设备等的配置方法进行了讲解，还尝试在物联网中心网关中添加各个传感器、执行设备，让学生能掌握物联网中各类设备的配置。本任务相关知识和技能的思维导图如图2-38所示。

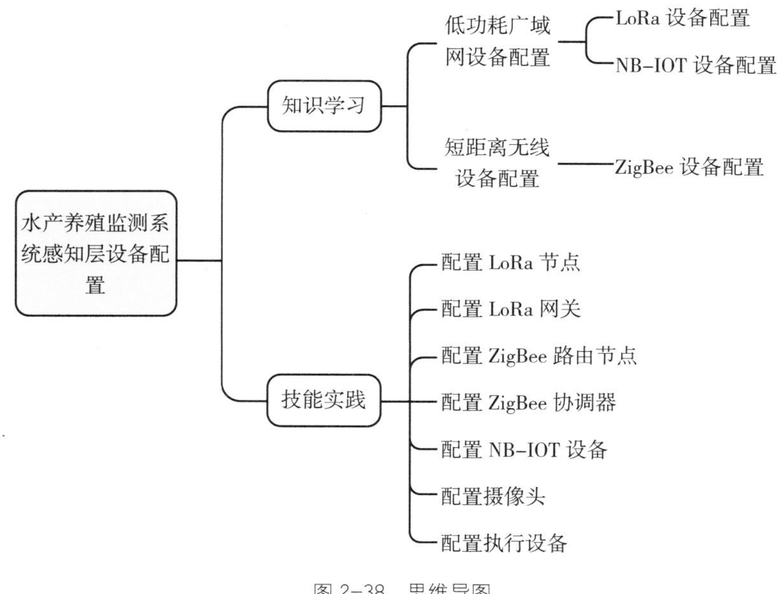

图 2-38　思维导图

任务拓展

请尝试将增氧泵添加到物联网中心网关中，配置参数见表2-21。

表 2-21　增氧泵设备参数

配置项名	参数信息	配置项名	参数信息
执行器名称	增氧泵	设备 IP	192.168.103.52
设备端口	503	从机地址	01
功能号	01	起始地址	0003
标识名称	Oxygen_pump		

项目三

农业环境气象监测系统功能调试与故障排查

项目概述

农业环境气象监测系统是农业物联网的典型应用场景之一，它集农作物生产环境监控、野外气象监测站、控制系统模块与管理决策平台于一体，构建了一个全方位、多功能的农业环境气象监控网络。系统在数据采集方面采用先进的多网融合技术，依托 RS485 通信、以太网等前沿技术，确保数据的准确性与时效性。整个系统能有效实现农业生产环境与流通环节的实时、远程监控，不仅大幅降低了劳动力成本，更大幅提升农产品产量与品质。

因此，掌握如图 3-1 所示的农业气象环境监测系统的安装、调试与故障排查，保障系统稳定运行，对推进现代智慧农业具有重要价值。

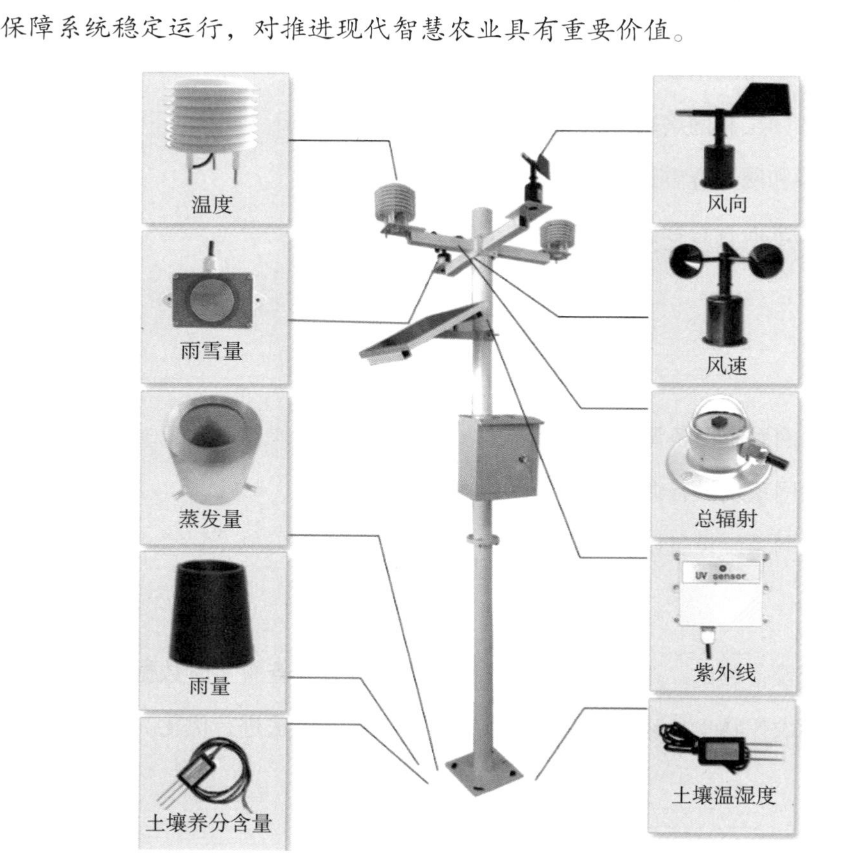

图 3-1　农业气象环境监测系统示意图

农业气象环境监测系统功能调试

任务描述

惠农现代农业有限公司从新兴物联网设备销售公司购买了一套农业气象环境监测系统。新兴物联网设备销售公司安排小王前往惠农公司，负责现场安装、调试设备。他需要在半天内根据施工图完成物联网感知层、网络层等设备的安装与调试工作，并确保设备的正常运行。此外，小王还需耐心地教会惠农公司的员工，如何在云平台或微信小程序上查看果园环境的实时数据，并教会他们进行简单的故障排查处理。

任务要求

◎ 根据系统设备布局图及连线图，正确安装及连接设备。

◎ 正确配置感知层和网络层设备参数。

◎ 进入路由器和网关查看设备的连接状况。

◎ 在网关配置页面查看数据流实时数据，进行故障排查。

任务目标

知识目标

- 能描述物联网系统设备调试的流程。
- 能描述物联网系统设备调试的方法。
- 能描述物联网系统设备调试的规范及注意事项。

能力目标

- 能独立进行设备调试，正确配置网关参数，添加设备并查看实时数据。
- 能根据不同农作物生长环境的监测需求，对设备调试方法进行优化。

素养目标

- 养成严谨的操作习惯和遵守规范的意识。

- 培养团队协作精神。
- 培养通过智慧农业助力乡村振兴的意识。

设备调试之道：农业物联网系统运行稳定的关键

新型职业农民小明，兴高采烈地采购了一套先进的农业物联网环境监测系统，销售公司的技术人员帮他安装调试好后，还对他进行操作技能培训，并介绍使用注意事项。由于他过于兴奋，忙着自主操作，而没有认认真真学好每一个操作环节，导致公司技术人员走后，他忘记了一些环节，想打电话询问技术人员又觉得不好意思，就自己摸索。一次因为误操作，导致监测系统误显示土壤水分严重不足，小明立刻加大灌溉水的供应，致使农作物因土壤水分过多而受损严重（像遭受水灾的农作物，停止生长），小明后悔不已。

这个故事让我们明白了正确调试和操作才能确保系统准确、稳定地工作，为农作物优质生长提供正确的环境数据，为智能化的农业生产决策提供正确依据。因此，农业从业者必须重视农业物联网设备安装、调试的重要性，要么寻求专业人士的帮助，要么接受相关的培训，以保证系统的正确安装和调试，从而最大限度地减少不必要的损失。这不仅有助于提高农业生产效率，还能确保农民的经济利益。

任务准备

物联网系统功能调试规范与注意事项

一、物联网系统功能调试规范

1.设备调试的目的和意义

设备调试的目的是确保设备在各种工况下的稳定性和可靠性，其意义在于通过对设备的各项参数进行调整和优化，满足生产需求，提高施工效率，降低维护成本，并避免因设备故障而影响施工进度和质量。

设备调试不仅是对设备的检查，更是对设备性能的验证和优化，通过调试可以发现设备潜在的故障和问题，并及时进行修复和更换，从而降低设备在运行过程中的故障率。此外，设备调试还有助于提高设备的寿命和可靠性，为施工企业带来更多的长期效益。

在物联网系统设备调试方面，涉及对物联网系统设备接线、感知层和网络层设备参数配置、云平台数据展示等进行测试和验证，以确保物联网系统和设备能够正常投入运行。因此，严格遵守设备调试规范，对于保证设备正常运行、提高生产效率和产品质量具有重要意义。

2.设备调试流程

物联网设备调试是一个系统工作，前期准备阶段至关重要。首先要明确调试目标，如保证设备稳定运行、优化性能等。然后收集设备相关资料，制订详细调试计划，包括步骤、工具和时间安排等。同时，准备好调试所需的工具和环境，如万用表、网络测试工具等，搭建好包括电源、网络和测试平台等在内的调试环境。

在调试过程中，硬件调试、软件调试、问题排查与修复等阶段依次进行。硬件调试时要检查设备接线，确保感知层和网络层设备正常工作；软件调试则涉及云平台接入测试、参数配置与优化、功能验证与测试等。出现问题时需进行排查和修复，包括硬件的更换和软件的修改等。最后，完成调试总结与验收，对调试过程进行评估，再进行全面验收测试，确保设备稳定运行并满足需求后交付使用，还要提供培训和技术支持。

物联网设备调试是一个复杂而细致的过程，涵盖了前期准备、硬件调试、软件调试、问题排查与修复和调试总结等多个环节。具体调试流程如图3–2所示。

3.设备调试注意事项

调试物联网系统设备时，需要注意以下事项以确保调试的顺利进行和设备的稳定运行。

①安全性保护：在设备连接与调试过程中，要注意设备和网络的安全保护。确保设备和网络的安全密码设置，避免未经授权的访问和攻击。

②数据隐私保护：物联网设备在数据的传输和共享过程中可能涉及用户的个人信息，要注意保护用户的数据隐私。合理设置数据的访问权限和加密保护措施，确保数据的安全性。

③设备兼容性：在设备连接和调试时，要注意设备之间的兼容性，包括硬件接口、通信协议、软件版本等，确保设备之间能够正常通信和数据传输。

④详细的计划和流程：在开始调试之前，制订详细的计划和流程，包括设备清单、配置参数、测试步骤等。确保每个步骤都得到充分考虑和实施，减少调试过程中的错漏。

⑤充分的测试和验证：在设备正式上线之前，进行充分的测试和验证，包括设备连接、

数据传输、设备配置等各个方面，确保设备能够正常工作并与其他设备进行可靠的通信。

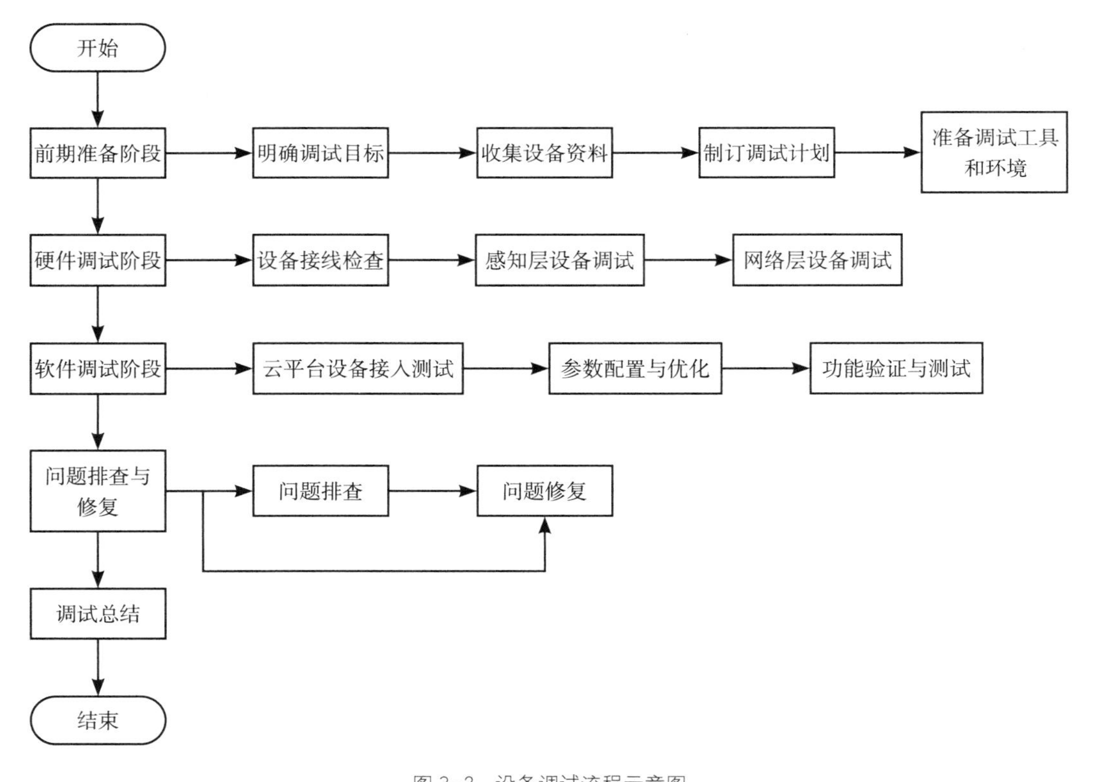

图 3-2　设备调试流程示意图

⑥设备和环境检查：在开始调试之前，检查物联网设备是否完好无损，以及安装环境是否符合要求，如温度、湿度、电源等。如果设备存在损坏或者环境不符合要求的情况，需要及时处理，确保设备能够正常工作。

⑦详细记录：在调试过程中，详细记录每个步骤、测试结果、问题以及解决方案，有助于后续的问题排查和维护工作。

⑧备份和恢复策略：做好设备数据和配置参数的备份，制订恢复策略，以便在出现问题时能够使设备快速恢复到正常状态。

二、设备调试方法

在具体工程项目中，根据设备的类型和工作原理的不同，调试的方法也会有所不同。因此，在进行调试时，需要根据实际情况进行分析和判断，采取合适的调试方法，一般包括硬件调试、网络调试、软件调试。同时，还需要注意安全性和稳定性问题，确保调试工作不会对设备和系统造成损害或影响。

1.硬件调试方法

通过外观检查、接口测试、电源测试等方法来验证硬件设备的性能和稳定性。设备在正式集成调试前，需要先对其连接线路再次进行检测。一般需要进行以下几个方面的检测：①短路检查；②断路检查；③对地绝缘检查。最好使用万用表的通断挡位进行逐根线路的检查，虽然花费时间较长，但是检查是最完整的。确认线路无短路、断路情况且对地绝缘良好后，还需要对设备的供电电压进行检查，确认是否符合设备的供电要求，是否将电源正负极反接。避免对人员造成不必要的伤害，对设备造成不可逆的损坏。硬件调试方法如下：

①设备检查：检查物联网设备的外观、接口、连接线等是否完好，确保设备无损坏、无短路等问题。

②接线检查：使用万用表验证设备的接线是否正确，包括电源线、信号线、传感器线等，确保连接牢固、无松动。

③感知层设备调试：对感知层设备（如传感器、执行器等）进行单独测试，验证其工作正常、数据准确；根据设备规格调整感知层设备的参数，如灵敏度、设备地址和波特率等。

④网络层设备调试：检查网络层设备（如网关、路由器等）的通信功能是否正常，验证设备间的网络通信质量；配置网络层设备的参数，如IP地址、端口号、网络协议等，确保设备能够正常通信。

2.网络调试方法

网络调试是针对数据传输层设备的网络连接进行调试，包括IP地址、网络参数、通信协议等部分。网络调试一般通过Ping命令、Tracert命令等方法来检查网络连接的稳定性和连通性。网络调试方法如下：

①设备连接与检查：检查设备是否已正确连接到网络，无论是通过有线（如以太网）还是无线（如Wi-Fi、蓝牙）连接。检查网络连接是否稳定，有无中断或丢包现象。对于无线连接，确保设备附近没有干扰源，且设备与路由器或接入点之间的距离适中。

②网络配置检查：检查设备的IP地址配置，确保没有IP地址冲突或重复。检查子网掩码和网关配置，确保这些设置与网络的其余部分兼容。检查DNS配置，确保设备能够正确解析域名。

③数据传输测试：设置好数据传输的格式和协议，确保数据的准确传输和解析。发送和接收测试数据，验证数据的完整性和准确性。

④远程监控与调试：利用物联网云平台提供的远程监控和调试功能，实时监测设备状

态。通过云平台发送远程指令，验证设备的响应和操作是否正确。

3.软件调试方法

物联网软件调试是一个确保设备功能正常、与云平台稳定交互的关键过程。

①云平台设备接入测试：在物联网系统中，云平台扮演着核心角色，它负责接收、存储和展示来自设备的数据。需要将物联网设备接入云平台，接入时需要提供设备的唯一标识符，如设备ID或传输密钥等相关信息，并验证设备是否能够正常上传数据至云平台。同时，还需检查云平台的数据接收、存储、展示等功能是否正常运行，确保整个系统的数据流畅通。

②固件升级与配置：随着技术的不断发展和用户需求的不断变化，物联网设备的固件和软件也需要不断升级以满足新的功能和性能要求。在软件调试过程中，根据需要对物联网设备的固件进行升级，确保设备软件版本与云平台兼容。此外，还需要配置设备的软件参数，如工作模式、数据传输频率等，以满足实际的应用需求。

③功能验证与测试：物联网设备的功能验证与测试是确保设备能够按照预期工作的关键步骤。在测试过程中，需要验证设备的各项功能是否正常，如数据采集、数据传输、远程控制等。此外，还需要模拟各种工况和环境条件，测试设备的稳定性和可靠性，以确保设备在各种复杂环境下都能稳定运行。

任务实施

一、任务环境

任务实施前必须准备好农业气象环境监测系统的各项设备，设备清单见表3-1。

表 3-1　农业气象环境监测系统设备清单

序号	设备 / 资源名称	数量
1	无线路由器	1 个
2	物联网中心网关	1 个
3	交换机	1 个
4	串口服务器	1 个
5	百叶箱传感器	1 个

续表

序号	设备 / 资源名称	数量
6	大气压力传感器（模拟量）	1 个
7	光照度传感器（模拟量）	1 个
8	风速传感器（模拟量）	1 个
9	二氧化碳变送器（RS485 型）	1 个
10	模拟量数据采集器 4017	1 个
11	RS485 转 RS232 转换器	2 个
12	USB 转 RS232 转换器	1 个
13	工具箱	1 套

二、识读系统拓扑结构

本任务选择真实农业气象环境监测系统中的部分场景功能，选取农业气象环境监测系统常见的传感器、采集器作为任务实施对象，系统结构图如图3-3所示。

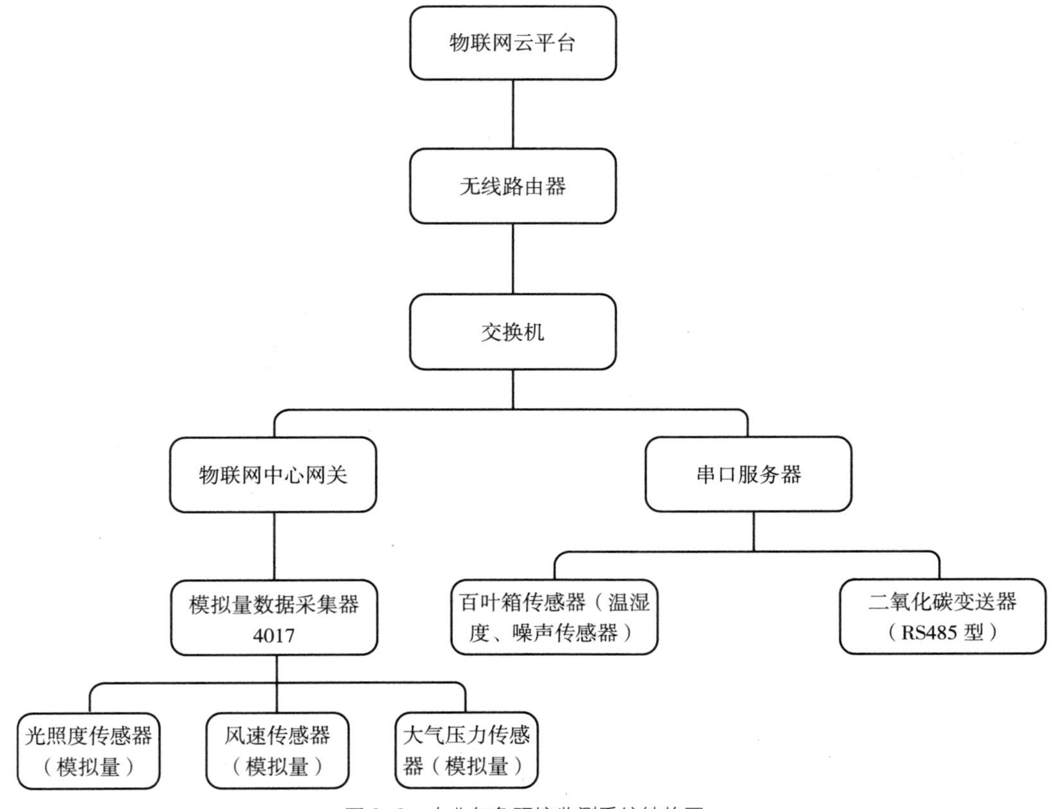

图 3-3　农业气象环境监测系统结构图

三、设备工位布局

熟悉农业气象环境监测系统的安装部署图，明确设备的安装位置。完成农业气象环境监测系统的设备安装与布局，使设备布置合理，如图3–4所示。

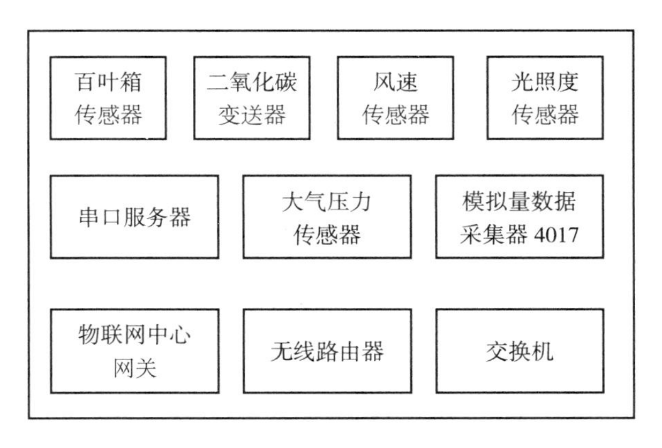

图 3–4　安装部署图

四、设备接线

阅读如图3–5所示的电气接线图，完成农业气象环境监测系统的设备安装与接线。

五、配置相关设备

按照表3–2所示的内容设置网络设备的IP地址、子网掩码、网关地址等，各设备网络接口方式自行设定，并确保整个网络畅通。

表 3–2　局域网设备 IP 配置表

序号	设备名称	配置内容
1	无线路由器	IP 地址：192.168.1.1 子网掩码：255.255.255.0
2	计算机	IP 地址：192.168.1.10
3	串口服务器	IP 地址：192.168.1.11
4	物联网中心网关	IP 地址：192.168.1.16

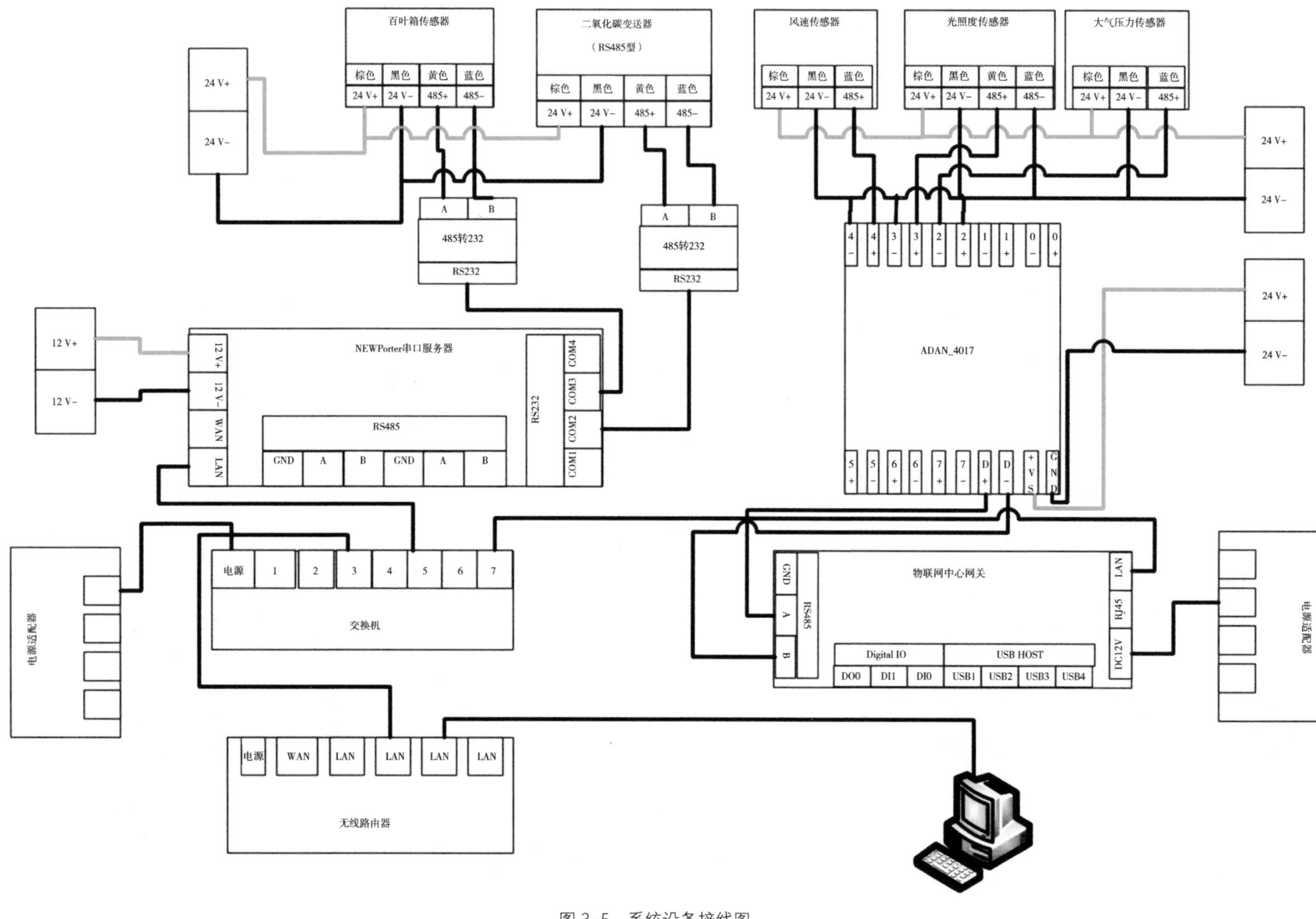
百叶箱传感器
棕色 黑色 黄色 蓝色
24 V+ 24 V- 485+ 485-
二氧化碳变送器
（RS485型）
棕色 黑色 黄色 蓝色
24 V+ 24 V- 485+ 485-
风速传感器
棕色 黑色 蓝色
24 V+ 24 V- 485+
光照度传感器
棕色 黑色 黄色 蓝色
24 V+ 24 V- 485+ 485-
大气压力传感器
棕色 黑色 蓝色
24 V+ 24 V- 485+
24 V+
24 V-
A B
485转232
RS232
12 V+
12 V-
NEWPorter串口服务器
12 V+ 12 V- WAN LAN
RS485
GND A B GND A B
RS232
COM4 COM3 COM2 COM1
ADAN_4017
电源适配器
电源 1 2 3 4 5 6 7
交换机
物联网中心网关
GND A B
RS485
Digital IO
DO0 DI1 DI0
USB HOST
USB1 USB2 USB3 USB4
LAN RJ45 DC12V
电源 WAN LAN LAN LAN LAN
无线路由器

图 3-5　系统设备接线图

六、设备功能调试

1.配置物联网中心网关

物联网中心网关是感知网络与传统通信网络的纽带，可以实现感知网络与通信网络，以及不同类型感知网络之间的协议转换。物联网中心网关在添加设备时分为新增连接器、新增设备和新增传感器/执行器3个步骤，如图3–6所示。

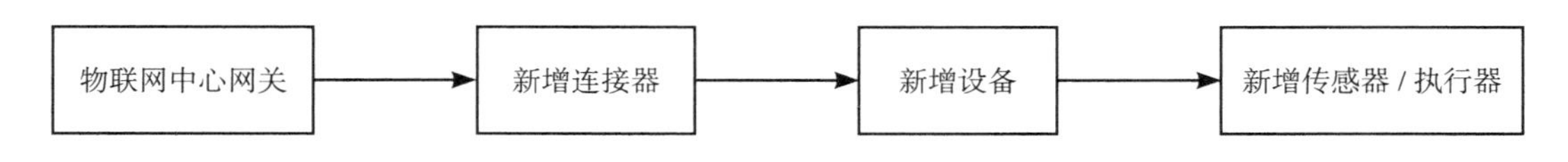

图 3–6　物联网中心网关添加设备的步骤示意图

在农业环境气象监测系统的物联网中心网关中需要创建“新增连接器”，分别为ADAM4017、百叶箱传感器、二氧化碳变送器，在ADAM4017模拟量传感器下还需要添加3个模拟量传感器，如图3–7所示。

①将物联网中心网关、路由器及计算机接入同一个局域网（默认该局域网网段为“1”，若有修改时，则以修改后的网段为准，同时下面访问的地址也要同步修改），将网关及其他设备连接成功后上电。网关接口如图3–8所示。

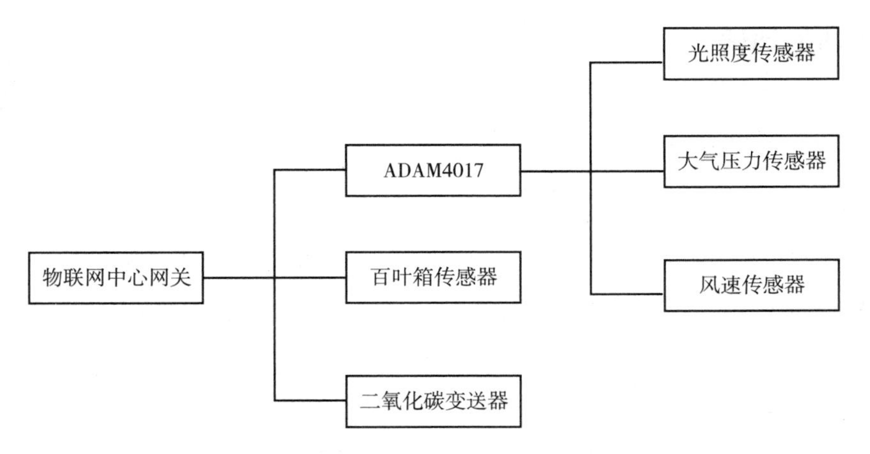

图 3-7　物联网中心网关配置内容示意图

图 3-8　物联网中心网关接口示意图

②在一个浏览器中访问网关的配置页面（http：//192.168.1.100），如图3-9所示。输入用户名和密码，都为“newland”。

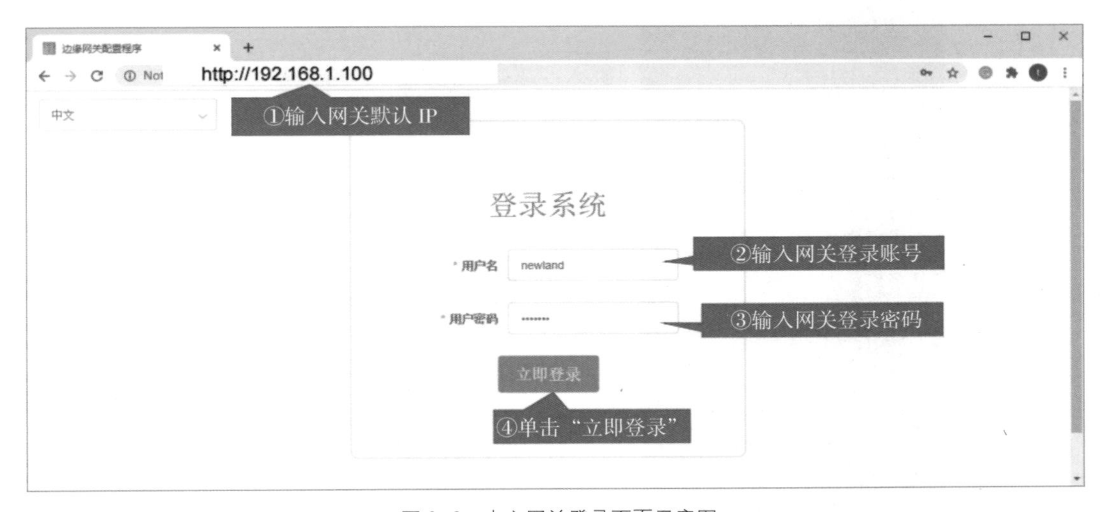

图 3-9　中心网关登录页面示意图

③登录进入网关配置程序首页，在左侧配置菜单中选择“设置Docker库地址”，如图3-10所示，在出现的输入框中填入内容。Docker仓库类型选择“Docker公有仓库”。输入完

成后单击“确定”按钮。

设置Docker库地址

* Docker仓库类型　Docker公有仓库

确定

图 3-10　设置 Docker 库地址示意图

④在左侧配置菜单中选择“设置网关IP地址”，如图3-11所示，在输入框中输入以下内容，IP地址：“192.168.1.100”（若有自行修改时要填入修改后的IP地址）；子网掩码：“255.255.255.0”；默认网关：“192.168.1.1”（若有自行修改时要填入修改后的默认网关）；DNS服务器：“8.8.8.8”（根据实际情况填写）。填写完成后单击“确定”按钮即可。

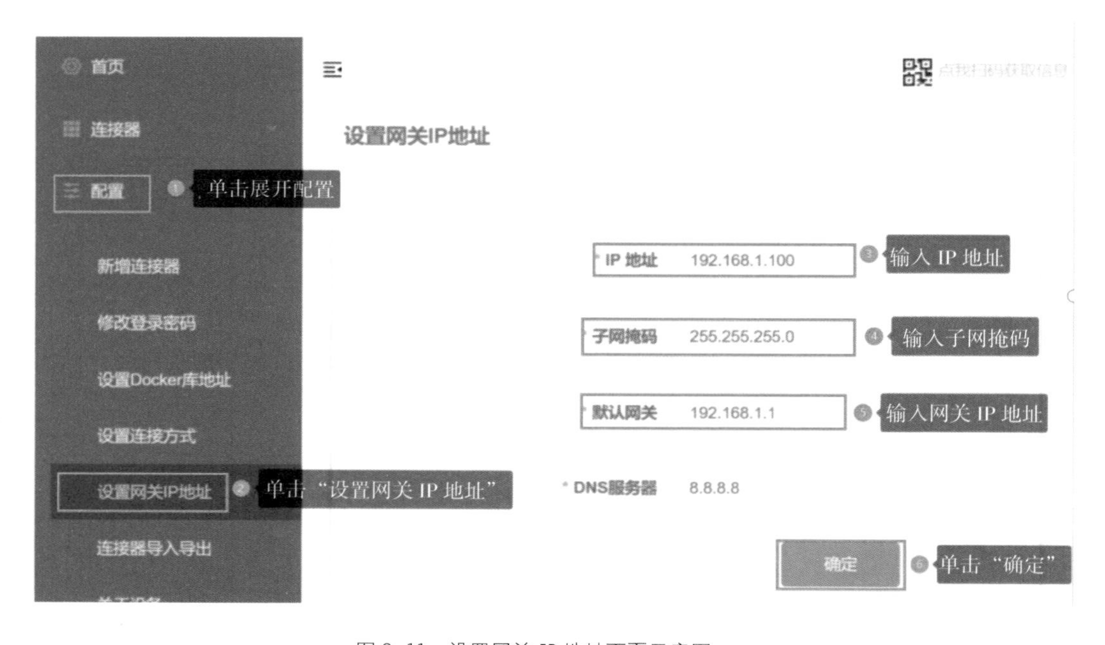

图 3-11　设置网关 IP 地址页面示意图

⑤在左侧配置菜单中选择“设置连接方式”，再单击CloudClient右上角的“编辑”按钮，如图3-12所示，弹出“设置TCP连接参数”窗口，如图3-13所示。

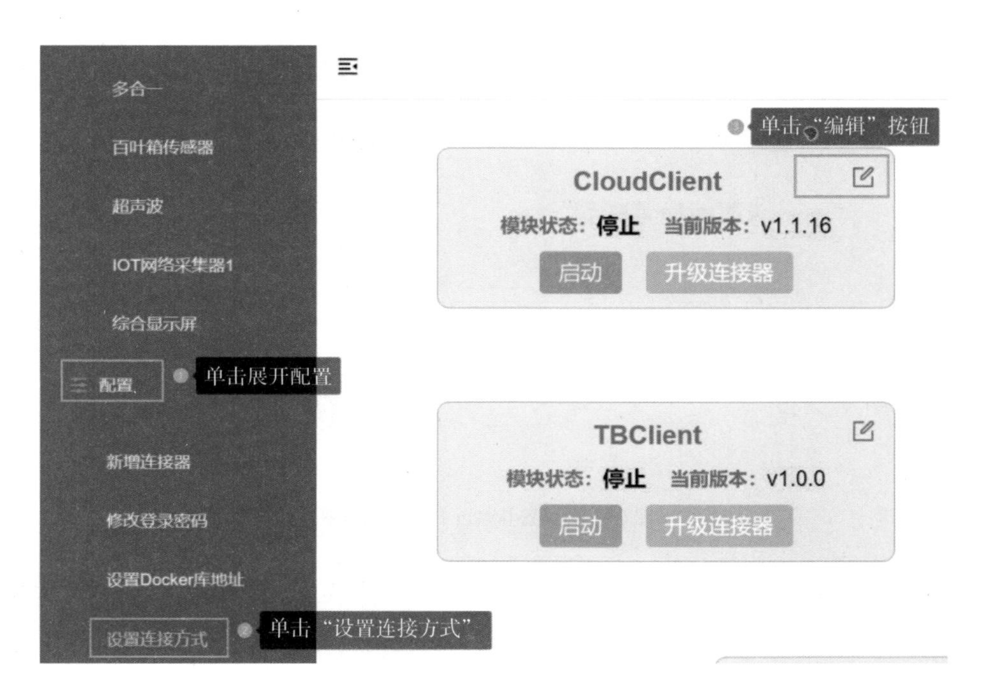

图 3-12 设置连接方式页面示意图

图 3-13 设置 TCP 连接参数页面示意图

⑥未开启CloudClient时，设置完成后，单击“启动”按钮，如图3-14所示，等待一段时间后开启成功，此时模块状态变为“正在运行”，如图3-15所示。

图 3-14　未开启 CloudClient 界面示意图

图 3-15　CloudClient 启动界面示意图

⑦设置TCP连接参数，如图3-16所示，云平台/边缘服务IP或域名："121.37.241.174"或者"ndp.nlecloud.com"，云平台/边缘服务Port："8800"，云平台设备标识和密钥是网关自动获取的，不需要输入。填入完成后单击"确定"按钮。

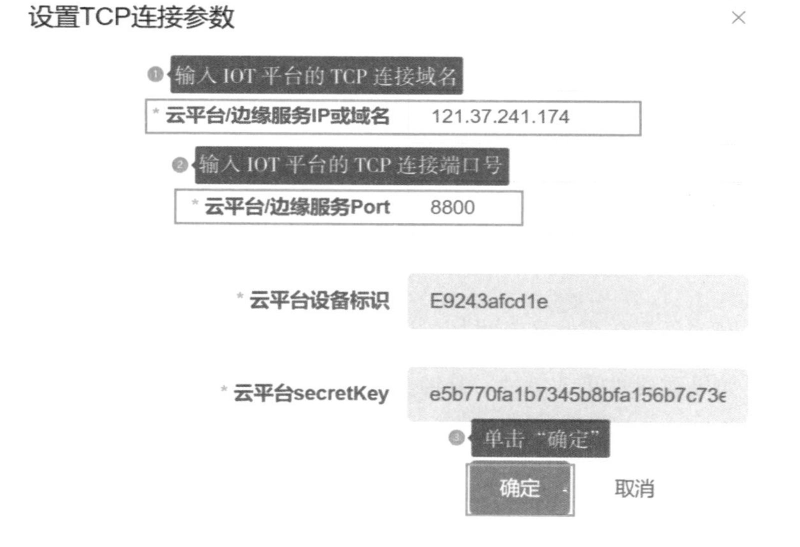

图 3-16　设置 TCP 连接参数页面示意图

⑧登录IOT平台，创建IOT项目，如图3-17所示，添加设备，如图3-18所示，添加网关设备参数：设备名称、设备标识等信息，如图3-19所示。

图 3-17　云平台添加项目示意图

图 3-18　云平台添加设备示意图

⑨确认中心网关是否在线。在新添加的网关设备界面中进行观察，看网关是否能上线，如图3-20所示。如果观察时间已超过一分钟，它还不能上线，检查物联网中心网关页面的传输密钥与云平台是否一致、端口号是否正确（应该是“8800”）。

请登录中心网关配置界面，检查“CloudClient”是否处于运行状态。如果它不是在运行状态，让它运行起来。等它运行之后，再刷新看它是否在线。

2.新增4017连接器

①首先使云平台中添加的网关设备在线后，在物联网中心网关配置页面中单击新增连接器，选择串口设备，配置参数见表3-3，配置结果如图3-21所示。

图 3-19　云平台添加网关设备参数示意图

图 3-20　网关设备在线

表 3-3　4017 连接器配置参数

连接器名称（可自定义）	4017
连接器类型	Modbus over Serial

续表

连接器名称（可自定义）	4017
设备接入方式	串口接入
串口名称	/dev/ttyS3

编辑连接器

串口设备

* 连接器名称　4017

* 连接器设备类型　Modbus over Serial

* 设备接入方式　串口接入　串口服务器接入

* 波特率　9600

* 串口名称　/dev/ttyS3

确定　取消

图 3-21　4017 连接器配置参数示意图

②新增4017设备，单击“新增”按钮，配置参数见表3-4，配置结果如图3-22所示。

表 3-4　4017 设备配置参数

设备名称（可自定义）	adam4017
设备类型	4017
设备接入方式	串口接入
设备地址	02

编辑

* 设备名称　adam4017

* 设备类型　4017

* 设备地址　02

确定　取消

图 3-22　4017 设备配置参数示意图

③在新增设备4017配置完成后，就可以添加该设备下属的传感器。分别新增风速、大气压力、光照度等传感器，配置参数见表3-5，以风速传感器配置参数为例，配置结果如图3-23所示，其余传感器自行添加，传感器设备配置结果如图3-24所示。

表 3-5　传感器设备配置参数

配置内容	参数		
传感器名称	风速传感器	大气压力传感器	光照度传感器
标识名称（可自定义）	fengsu	daqi	guangzhao
传感器类型	风速	大气压力	光照
可选通道号 （选择对应的通道号）	VIN4	VIN3	VIN2
传感器量程	0~30 m/s	0~110 kPa	0~2 000 lx

图 3-23　风速传感器配置参数示意图

④完成4017设备下属传感器参数配置后，单击物联网中心网关数据监控选项，可查看创建设备的实时数据，如图3-25所示。

3.新增二氧化碳变送器

①在物联网中心网关配置程序的配置菜单中选择“新增连接器”，选择串口设备，配置

参数见表3-6，配置结果如图3-26所示。

二氧化碳变送器设备调试方法

图 3-24　传感器设备配置结果示意图

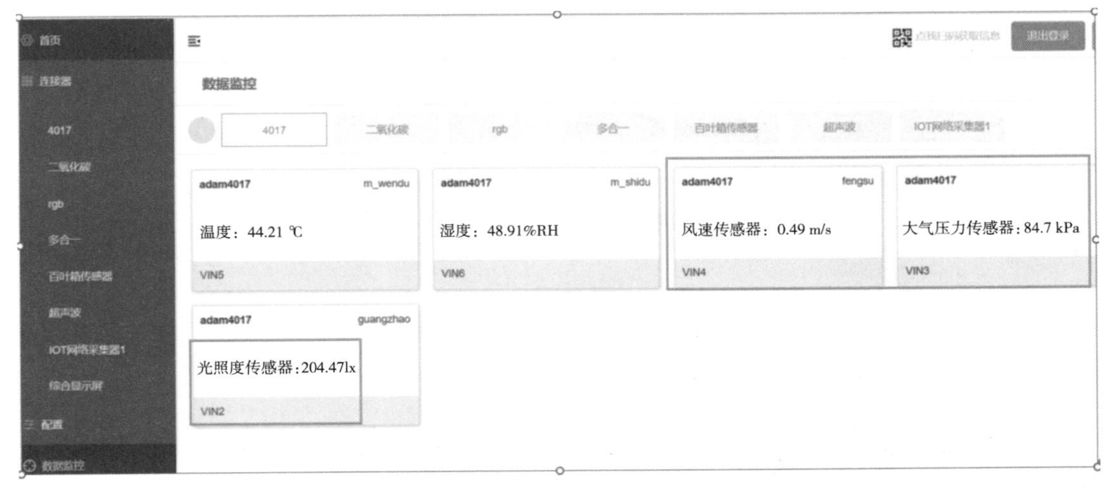

图 3-25　传感器实时数据示意图

表 3-6　二氧化碳变送器参数

连接器名称（可自定义）	二氧化碳变送器
连接器设备类型	Modbus over Serial
设备接入方式	串口服务器接入
串口服务器 IP	192.168.1.11
串口服务器端口	6002

编辑连接器

串口设备

* 连接器名称　二氧化碳变送器

* 连接器设备类型　Modbus over Serial

* 设备接入方式　串口接入　串口服务器接入

* 串口服务器IP　192.168.1.11

* 串口服务器端口　6002

确定　取消

图 3-26　二氧化碳变送器配置参数示意图

②在二氧化碳新增设备配置完成后，单击新增二氧化碳传感器，配置参数见表3-7，配置结果如图3-27所示。

表 3-7　二氧化碳设备参数

配置内容	参数	备注
设备名称	二氧化碳	
设备类型	二氧化碳传感器（485 型）	
设备地址	06	地址可自定义
标识名称	co2	
传感器类型	485 总线 co2 传感器	

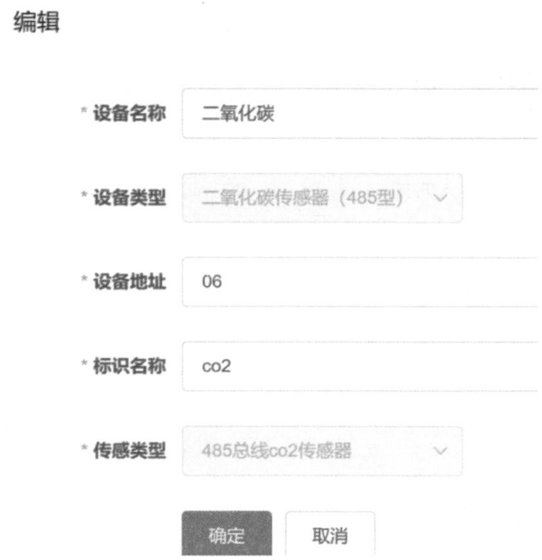
编辑
* 设备名称
二氧化碳
* 设备类型
二氧化碳传感器（485型）
* 设备地址
06
* 标识名称
co2
* 传感类型
485总线co2传感器
确定
取消

图 3-27　二氧化碳设备配置参数示意图

③完成二氧化碳设备下属传感器参数配置后，单击物联网中心网关数据监控选项，可查看创建设备的实时数据，如图3-28所示。

数据监控
4017
二氧化碳
rgb
多合一
二氧化碳
co2
二氧化碳: 413

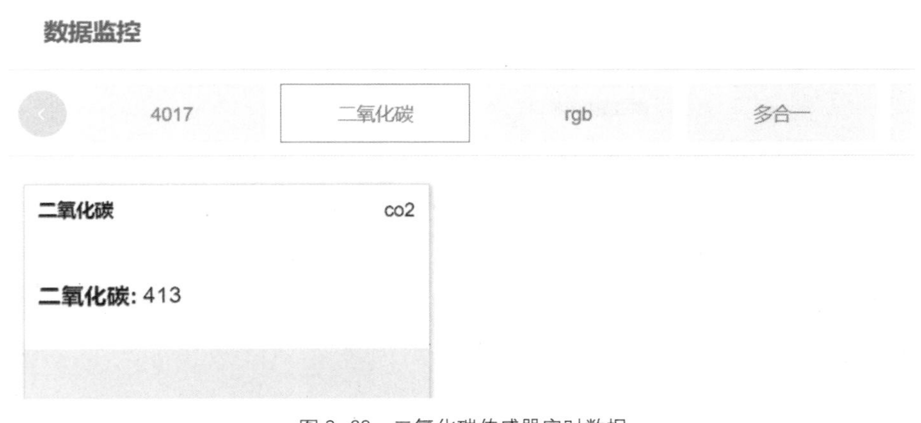

图 3-28　二氧化碳传感器实时数据

4.新增百叶箱连接器

①在物联网中心网关配置程序的配置菜单中选择“新增连接器”，选择串口设备，配置参数见表3-8，配置结果如图3-29所示。

表 3-8 百叶箱传感器连接器配置参数

连接器名称（可自定义）	百叶箱传感器
连接器设备类型	NLE MODBUS-RTU SERVER
设备接入方式	串口服务器接入
串口服务器 IP	192.168.1.11
串口服务器端口	6001
采集间隔	3

图 3-29 百叶箱传感器配置参数示意图

②在百叶箱设备配置完成后，单击新增传感器，配置参数见表3-9，以百叶箱温度传感器添加配置参数为例，配置结果如图3-30所示。其余传感器自行添加，添加完成后传感器配置结果如图3-31所示。

表 3-9 百叶箱传感器配置参数

配置内容	参数		
传感名称	百叶箱温度	百叶箱湿度	百叶箱噪声
标识名称（可自定义）	byx_temp	byx_shidu	byx_zhaoyin
传感器类型	modbus rtu 传感器	modbus rtu 传感器	modbus rtu 传感器

续表

配置内容	参数		
从机地址	01	01	01
功能号	03（保持寄存器）	03（保持寄存器）	03（保持寄存器）
起始地址	01f5	01f4	01f6
数据长度	0001	0001	0001
采样公式	R0/10	R0/10	R0/10
设备单位	℃	%RH	db

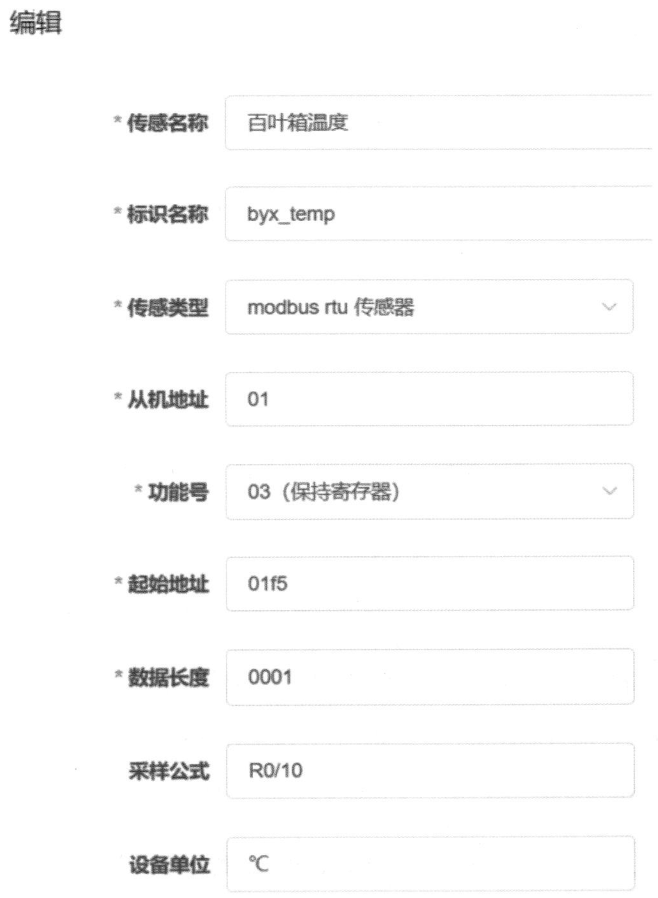

编辑

* 传感名称　百叶箱温度

* 标识名称　byx_temp

* 传感类型　modbus rtu 传感器

* 从机地址　01

* 功能号　03（保持寄存器）

* 起始地址　01f5

* 数据长度　0001

采样公式　R0/10

设备单位　℃

图 3-30　百叶箱温度传感器配置参数示意图

图 3-31　百叶箱传感器配置结果示意图

③完成百叶箱设备下属传感器参数配置后，单击物联网中心网关数据监控选项，可查看创建设备的实时数据，如图3-32所示。

图 3-32　百叶箱传感器实时数据示意图

任务工单

项目三	农业环境气象监测系统功能调试与故障排查		
任务一	农业环境气象监测系统功能调试		
班级：		小组：	
姓名：		学号：	
分数：			

续表

1. 任务实施完成情况

若每个任务顺利完成则在“完成情况”处打“√”，否则打“×”，并在备注中写出未完成内容。

任务	任务内容	完成情况	备注
①设备工位布局	设备安装牢固，设备安装区域正确，设备均匀排布、对齐、间距美观		
②设备连线	线路连接正确、整齐美观，装入线槽，所有线槽都盖好		
③局域网设备IP配置表	正确设置路由器、物联网中心网关、串口服务器设备IP地址（见表3–2局域网设备IP配置表）		
④设备配置参数正确	正确设置物联网中心网关，设置TCP连接参数，在物联网网关页面新增连接器AMAD4107、二氧化碳变送器、百叶箱传感器，并正确设置AMAD4107、二氧化碳变送器、百叶箱传感器的配置参数		
⑤设备功能调试	在物联网中心网关数据监控页面，分别获取AMAD4107、二氧化碳变送器、百叶箱传感器的实时数据		

2. 任务检查与评价

评价项目	评价内容		配分/分	评价方式		
				自我评价	互相评价	教师评价
理论知识（20分）	物联网系统功能调试规范		10			
	物联网设备调试流程和方法		10			
专业技能（60分）	设备安装和部署	设备选型与安装区域正确	10			
		设备安装牢固，设备安装螺母加垫片，设备接线正确，安装线槽盖	10			
	网络设备配置	无线路由器LAN口、计算机、串口服务器、物联网中心网关IP地址设置正确	10			
	感知层设备参数配置	百叶箱温度、百叶箱湿度、百叶箱噪声、二氧化碳变送器（485型）、4017设备参数正确	10			
	感知层设备添加	在物联网中心网关连接器页面正确添加感知层设备：百叶箱温度、百叶箱湿度、百叶箱噪声、二氧化碳变送器（485型）、4017设备参数正确	10			

续表

评价项目	评价内容		配分/分	评价方式		
				自我评价	互相评价	教师评价
专业技能（60分）	物联网中心网关数据监控页面获取传感器数据	在物联网中心网关数据监控页面正确获取传感器数据：百叶箱传感器数据、4017模拟传感器数据、二氧化碳变送器数据(485型)	10			
素养能力（20分）	安全操作与工作规范	操作过程中严格遵守安全规范，注意断电操作，正确使用防静电设备，每处不规范操作扣1分	5			
		严格执行“6S”管理规范，积极主动完成工具设备整理	5			
	学习态度	认真参与教学活动，课堂互动积极	3			
		严格遵守学习纪律，按时出勤	3			
	合作与展示	小组之间交流顺畅，合作成功	2			
		语言表达能力强，能够正确陈述基本情况	2			
合计			100			

3. 任务自我总结

任务过程中遇到的问题	解决方式

任务小结

本任务介绍了农业环境气象监测系统的功能调试。通过本任务的学习，学生可掌握物联网系统的功能调试规范、调试方法，能正确配置网关参数，完成设备添加操作并实现传感器设备与物联网中心网关正常通信和实时数据查看。本任务相关知识和技能的思维导图如图3-33所示。

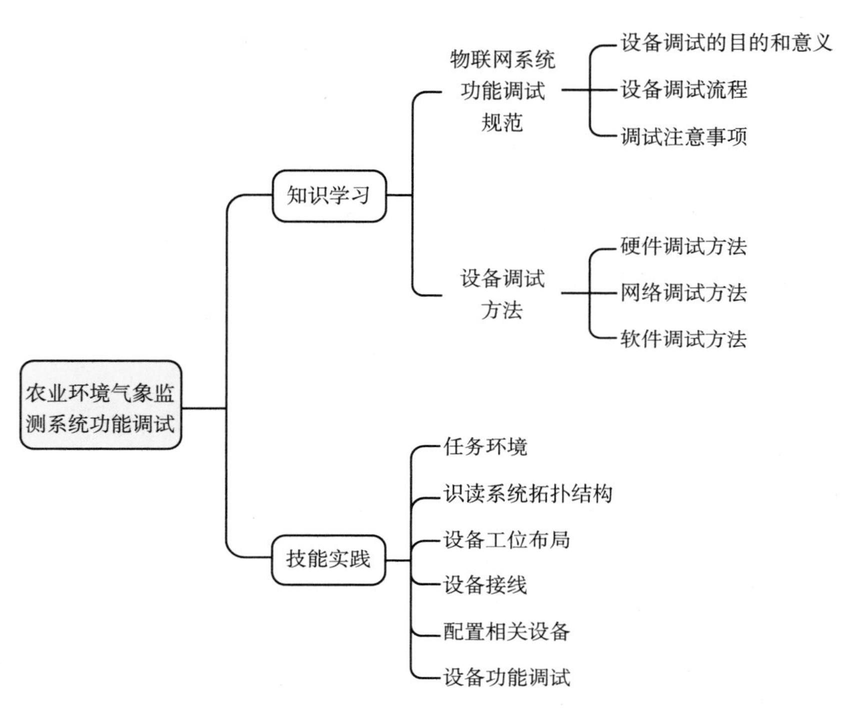

图 3-33 思维导图

任务拓展

请在现有任务基础上修改部分配置，并完成数据采集。

①将局域网设备所处的网段修改为：192.168.2.0/24。

②将ADAM4017+信号采集通道修改为：风速传感器Vin3、风向传感器Vin2、大气压力传感器Vin1。

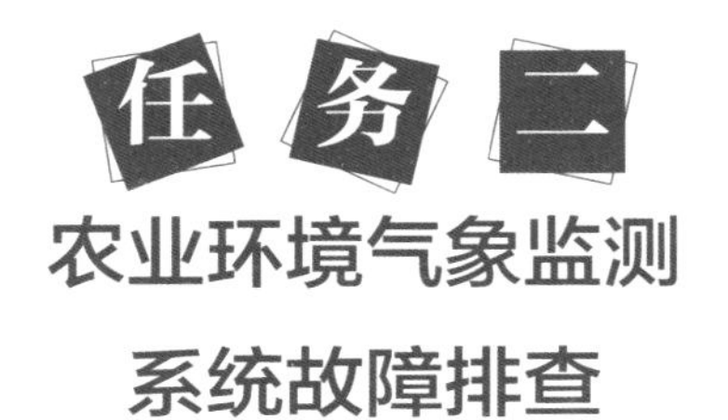

农业环境气象监测系统故障排查

任务描述

惠农现代农业有限公司使用的农业气象环境监测系统显示传感器数据获取异常，在云平台和微信小程序上无法实时查看数据。新兴物联网设备销售公司在接到故障通知后，派遣小王迅速前往现场，针对设备线路、供电、配置参数及网络通信等多个方面进行全面排查，力求尽快定位并修复故障，使得系统恢复运行，同时为公司树立优质的服务形象。

任务要求

◎ 能根据故障现象，正确分析出故障类型和原因，迅速定位并修复故障。

◎ 能正确选择合适的工具，提出有效的解决措施，分析并解决设备故障。

任务目标

知识目标

- 能描述农业气象环境监测系统故障排查的流程。
- 能描述农业气象环境监测系统故障排查的方法。
- 能列举农业气象环境监测系统中的常见故障类型及原因。

能力目标

- 能观察和分析设备故障现象，通过收集和分析数据，准确判断故障原因。
- 能针对物联网感知层和网络层设备故障，提出有效的解决措施，并准确执行修复操作，包括恢复设备配置参数、排除硬件故障等。

素养目标

- 培养严谨、细致的工作态度和安全意识。
- 养成标准规范的工作习惯，强化精益求精的工匠精神和安全意识。
- 提升工程实施中的读写能力与沟通表达能力。

“守护者”生病了？小李如何妙手回春

惠农现代农业有限公司需要对农场进行升级改造，通过科技的力量为乡村带来一场变革。在这里，有一个神奇的“守护者”——农业气象环境监测系统，它默默守护着每一片田野，确保农作物在最佳的环境下生长。

小顾是惠农现代农业有限公司里的种植能手，他习惯每天通过手机查看这片田野的实时数据，突然有一天，他发现数据不再更新，仿佛“守护者”陷入了沉睡。他急忙联系了惠农公司，希望能找回那个勤劳的“守护者”。

物联网设备公司的售后技术人员小李听到了这个消息，立刻拿起工具箱，踏上了前往田野的路。

到达现场后，小李开始了他的“诊断”工作。他仔细检查着每一条线路，就像医生在寻找病人的病根。他用手轻轻拨动每一条线路，确保它们没有松动或短路。接着，他又检查了设备的供电情况，确保电源供电正常。

完成了硬件的检查后，小李又开始核对设备的配置参数。他逐项核对，确保没有遗漏。最后，他还特别关注了网络通信，因为只有网络畅通，数据才能及时传输。

经过几个小时的努力，小李终于找到了“捣蛋鬼”——故障点，问题的根源是一个传感器芯片损坏，更换设备，重启系统，很快，“守护者”就重新苏醒了过来。小顾在云平台和微信小程序上再次看到了实时数据，他的脸上露出了满意的笑容。

小李的这次行动，不仅解决了小顾的问题，更让乡亲们看到了科技的力量。他们纷纷表示，有了这样的科技支持，他们的农田将迎来更大的丰收，乡村也将更加繁荣。

任务准备

一、物联网系统故障的定义与分类

1.物联网系统故障的定义

物联网系统故障是指在物联网设备的运行过程中，由于各种原因导致设备或系统无法正常工作，从而影响其性能和功能实现的现象。

2.物联网系统故障的分类

（1）根据故障范围划分

物联网系统故障可以分为局部故障和全局故障。局部故障只影响某个设备或某个功能，而全局故障则会影响整个系统或多个设备。

（2）按产生的原因划分

物联网系统故障可以分为人为故障、自然故障等。自然故障可能是设备老化、环境因素等原因引起的，而人为故障则可能是操作失误、恶意攻击等原因引起的。

（3）按严重程度划分

物联网系统故障可以分为致命故障、严重故障、轻度故障等。致命故障：导致系统彻底瘫痪或无法修复，造成重大损失。严重故障：严重影响系统功能，可能导致系统无法正常运行。轻度故障：对系统功能影响较小，可以继续使用。

（4）按单元功能类别划分

物联网系统故障可以分为通信故障、硬件故障、软件故障、电源故障等。

①通信故障：设备之间或设备与云平台之间的通信问题，包括网络连接错误、传输失败、通信协议错误、配置参数错误等导致的问题。

②硬件故障：可能是由于传感器、执行器、电路板等的损坏、故障或连接问题导致的问题。

③软件故障：可能是由于物联网设备或云平台上的软件部分，包括应用程序、固件、操作系统等的错误、崩溃或配置参数错误导致的问题。

④电源故障：设备供电部分，包括电源不稳定、电池电量不足、充电问题等导致设备无法正常运行或供电中断的问题。

二、物联网系统故障的排查流程及方法

1.物联网系统常见故障的排查流程

物联网系统常见故障的排查流程如图3–34所示。

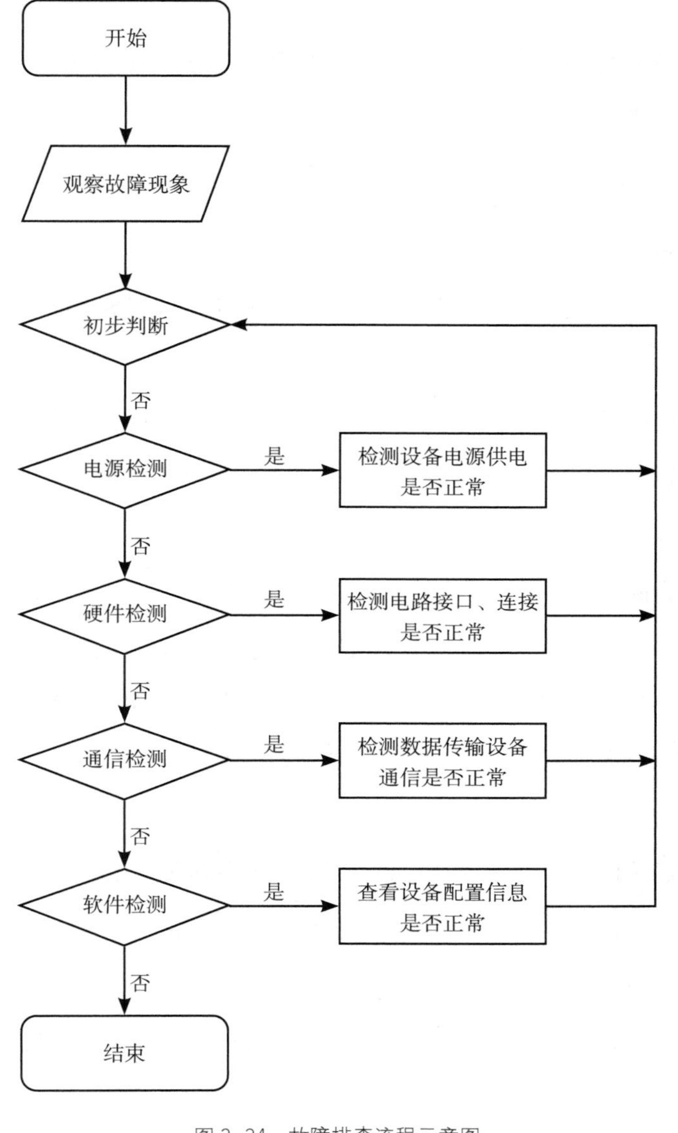

图 3–34　故障排查流程示意图

①初步判断：根据故障现象，初步判断是硬件故障还是软件故障，或者两者都有可能。

②电源检测：首先检查系统设备供电是否正常，如使用万用表检查电源，发现供电不正常，则更换电源适配器。

③硬件检测：如果是硬件故障，需要对硬件设备进行检查，包括外观、接口等。同时，

使用万用表蜂鸣挡对硬件的连接线路进行测试，确保通信畅通。

④通信检测：通过ping命令、tracert命令等方法来检查网络连接的稳定性和连通性。使用网络测线仪工具检测网络通断。

⑤软件检测：如果是软件故障，需要对软件系统进行检查，包括软件的安装、配置、运行等。根据不同厂家提供的配置工具，查看设备配置信息是否正确或对软件的日志文件进行分析，查找异常或错误信息。

⑥故障定位：根据硬件和软件的检查结果，逐步缩小故障范围，最终定位到具体的硬件或软件模块。

⑦修复与验证：对故障模块进行修复或替换，并进行测试验证，确保故障得到解决。

2.物联网系统常见故障的排查方法

分析、查找设备故障的方法多种多样，一般情况下，先排查硬件故障，再排查软件故障。因为硬件故障往往比较直观，且修复起来相对简单。运维过程中常见的排查方法如下：

①逐步排除法：通过逐一排除可能存在问题的模块或组件，缩小故障范围，最终定位到具体的故障点。

②替换法：对于无法确定具体故障点的模块或组件，可以采用替换法进行测试，将疑似有问题的模块或组件替换为正常的备件，观察系统是否恢复正常。

③系统重现法：尽可能重现故障现象，通过重现故障现象可以更准确地定位问题所在。

④参照法：参照正常设备的参数、日志等信息，与故障设备进行对比分析，找出差异点，进而确定故障原因。

⑤直接检查法：在了解故障原因或根据经验针对出现概率高的故障，或一些特殊故障，可以直接检查怀疑的故障点。

⑥工具辅助法：使用各种工具软件和仪表（如网络诊断工具、万用表等）进行辅助分析，以便更快速地定位和解决问题。

3.设备故障排查记录表

故障排查人员接收到系统运维监控人员提交的异常情况，就相应的故障描述对系统进行排查与处理，并及时填写故障排查记录表，收集系统故障及解决方案，为故障维护工作累积资料。一般设备故障排查记录应包含故障描述、故障原因及处理详情、排查时间、排查人员等内容，见表3–10。

表 3-10　设备故障排查记录表

序号	故障描述	故障原因及处理详情	排查时间	排查人员
1	①故障现象：网关页面不能获取大气压力传感器实时数据，其余传感器数据正常。 ②设备位置：×× 农场 3 号位置的大气压力传感器	故障原因：电源供电接口损坏。 处理措施：更换电源适配器后恢复正常	×××× 年 ×× 月 ×× 日 16：00	××
2	……	……	……	……

三、物联网系统设备常见故障的类型及原因

物联网设备在运行过程中可能会遇到多种故障，在故障排除过程中，通常需要使用相关工具和设备进行故障诊断，在检查和定位故障时，必须认真地考虑可能出现故障的原因，逐步进行故障追踪和排除，直至最后恢复设备。有效的故障排除可以确保设备正常运行，提高物联网系统的可靠性和稳定性。

1.路由器故障

在物联网工程的应用场景中，路由器扮演着至关重要的角色，它作为连接两个或多个网络的硬件设备，常常被视为网络间的“桥梁”或“门户”，即网关。路由器具备读取每个数据包地址并据此决定其传输路径的能力，其运行状态对网络中的设备数据能否正常传输具有直接影响。

路由器硬件故障主要包括系统无法正常供电、关键部件损坏等。针对这些硬件故障，我们首先应当检查路由器的供电是否正常、各部件之间的连接是否牢靠。一旦遇到无法解决的物理问题，大多数情况下，我们可能需要更换新的路由器设备。

除了硬件故障，路由器在使用过程中还可能遇到配置等问题，如数据无法正常转发、设备地址错误、频繁掉线以及速率不匹配等，这些都是常见的故障。因此，当遇到由配置问题导致的故障时，可以尝试重置路由器设备，并根据配置指南重新进行配置。表3-11所示是路由器设备配置故障的现象及原因。

表 3-11　路由器设备配置故障

故障现象	故障原因
路由器无法连接外部网络	路由器上网模式配置错误

续表

故障现象	故障原因
接入设备无地址	路由器 DHCP 服务配置错误
无法访问路由器配置页面	路由器访问地址错误或路由器配置页未能正常开启等
接入设备网速慢	路由器限速配置有误或其他接入设备长时间占用带宽等

2.交换机故障

交换机是连接基于RJ-45接口的终端设备的局域网设备。常见的交换机故障包括配置故障、网线接触不良和供电问题。导致交换机硬件故障的因素包括散热问题、电压不稳、端口故障和电路板故障等。解决这些问题的方法包括清理设备、检查网线是否损坏、用酒精棉球清洗端口、确保稳定的外部电源供应以及更换故障的电路板等。导致交换机配置故障的原因主要是配置不当或系统数据错误。解决配置故障可尝试重置设备并按照产品说明书重新配置相关功能，或者更新交换机系统版本。总之，对于交换机故障的解决方法是多样化的，需要根据具体情况采取适当的措施。常见交换机设备配置故障见表3-12。

表 3-12　交换机设备配置故障

故障现象	故障原因
无法连接外部网络	外部 WAN 线没有正常接入或产生回路或 VLAN 配置错误
接入设备无地址	上级设备 DHCP 服务配置错误或交换机 DHCP 配置错误
无法访问交换机配置页面	交换机访问地址错误或交换机配置页未能正常开启等

3.串口服务器故障

串口服务器是一种功能强大的设备，它能够将RS-232/485/422串口转换成TCP/IP网络接口，实现串口与网络接口之间的数据双向透明传输。

串口服务器故障处理

常见的串口服务器故障包括无法被识别、通信不畅、线路接触不良以及供电不良等。这些故障可能导致设备无法正常工作，影响数据的传输。解决方法：首先，散热不良可能会导致设备性能下降甚至损坏，因此定期清理设备灰尘，确保良好的散热环境至关重要。其次，电压不稳也是引起硬件故障的常见原因，需要检查电源线路是否有问题，确保稳定的供电。再次，端口故障和电路板故障也可能导致设备无法正常工作，这时候需要使用酒精棉球等工具清洁端口，或者在必要的情况下更换电路板。

除了硬件故障，软件故障也是不可忽视的问题。配置不当、软件冲突等都可能导致串口服务器无法正常工作。在这种情况下，重置串口服务器通常是一个有效的解决方法。如果设备无法被识别，可能是因为转换器设置程序使用了UDP协议，而某些防病毒软件的防火墙可能会阻挡UDP请求。为了解决这个问题，需要检查防火墙设置，确保UDP请求不被阻止。常见串口服务器配置故障见表3-13。

表 3-13　串口服务器设备配置故障

故障现象	故障原因
无法连接网络	网络配置错误，网络断线，IP 地址冲突
无法读取串口数据、数据传输错误或乱码	串口参数配置错误，设备波特率不匹配，串口号选择不对或串口线路故障
串口服务器本身可能遇到硬件故障或软件故障，导致无法正常工作	硬件故障可能包括电源故障、主板故障或接口损坏等。软件故障可能涉及系统崩溃、固件更新失败或配置文件丢失等

4.无线网络设备故障

在物联网项目中，经常会使用到各种无线网络设备，如Wi-Fi设备、LoRa设备、ZigBee设备、NT-IOT设备和蓝牙等。这些设备在提供便利的同时，也可能会遇到一些常见的故障，如数据传输问题、设备匹配失败、线路接触不良以及供电问题等。

无线网络设备故障处理

对于无线网络设备的硬件故障，其主要原因可能包括端口损坏、电压不稳定或电路板故障。为了解决这些问题，可以采取一系列措施，如定期清理设备灰尘以保持其正常运行，检查线路连接是否牢固，使用酒精棉球清洗端口以去除污垢，确保供电稳定，以及在必要时更换电路板。

无线网络设备的配置故障则可能导致设备无法正常工作，如无法通信等。配置故障的原因主要有两个：一是参数设置错误，即在配置无线网络设备时，可能错误地设置了网络号、地址、频率、波特率等关键参数；二是网络冲突，即在一个网络环境中，如果有多个设备使用了相同的频率或网络号，就会引发网络冲突，导致设备之间无法正常通信或实现预期功能。常见无线网络设备配置故障见表3-14。

表 3-14　无线网络设备配置故障

故障现象	故障原因
多个设备无法进行通信	设备参数配置有误，如设备地址、工作模式、频段等有误
接入设备无法读取数据	接入设备线路连接、设备地址填写错误等

5.物联网网关设备故障

物联网网关是物联网系统中的一个重要组件，它是连接物联网设备和云平台的中间节点。它的主要功能是将来自物联网设备的数据收集、处理和转发到云平台，同时也可以将来自云平台的指令和数据传输给物联网设备。常见的物联网网关设备故障主要有无法找到执行器/传感器设备、不能通信、线路接触不良、供电不良等。

物联网网关设备故障处理

引起物联网网关硬件故障的主要因素有散热差、电压不稳、端口故障、电路板故障等，解决方法可以是清理设备灰尘，检查线路是否有问题，在电源关闭后用酒精棉球清洗端口，做好外部电源的供应工作以及更换电路板等。

引起物联网网关配置故障的主要因素有配置不当、设备系统问题等，解决方法可以是重置物联网网关后，根据产品说明书正确完成功能配置，或重新刷新设备系统固件后再重新配置，常见物联网网关设备配置故障见表3-15。

表 3-15　物联网网关设备配置故障

故障现象	故障原因
无法访问物联网网关配置页面	IP 地址设置冲突或设备本身故障
接入设备无法读取数据	接入设备线路连接、设备地址填写错误等

6.自动识别设备故障

在物联网领域中，自动识别技术扮演着至关重要的角色，它巧妙地将物理世界与信息世界融合，成为物联网与其他网络相区别的独特之处。在物联网工程应用中，常见的自动识别设备包括条码识别设备、生物识别设备、图像识别设备和卡片识别设备等。

自动识别设备故障及原因

（1）条码识别设备故障

条码识别设备，如一维扫描枪和二维扫描枪，常见的故障包括无法读取数据或数据读取不完整、计算机设备无法识别扫描器、设备无法运行等。这些问题可能由扫描枪线材损坏、接口松动、参数设置错误、设备驱动安装错误、电路故障或硬件故障引起。面对这些故障，物联网安装调试人员可参考产品说明书，重点检查设备配置参数、设备驱动安装情况、设备线路与接口的连接状态。

（2）生物识别设备故障

生物识别设备，如指纹锁和人脸识别门禁，常见的故障包括无法读取数据、生物特征匹配异常、设备无法运行等。这类问题通常与设备与服务端通信失败、设备参数配置错误、电路故障或硬件故障有关。由于这类设备集成度较高，运维人员可参考产品说明书，重点检查设备配置参数、电路供电情况、设备接口和线路的连接状态。

（3）图像识别设备故障

图像识别设备，如摄像头，常见的故障包括无法接收信息源、设备无法运行、图像模糊、识别错误等。这些问题往往源于设备参数配置错误、设备焦距设置不当、设备识别库数据错误或电路故障。由于这类设备集成度较高，运维人员可参考产品说明书，仔细检查设备参数配置、电路供电情况、设备接口和线路的连接状态、设备对焦模式以及识别库的配置情况。

（4）卡片识别设备故障

卡片识别设备，如磁卡设备、IC卡设备和RFID设备，常见的故障包括数据识别错误或识别不完整、服务端无法识别设备、设备无法运行等。这些问题可能与卡片数据配置错误、驱动安装错误或电路故障有关。运维人员可参考产品说明书，重点关注设备的卡片数据是否已正确记录到服务端、设备驱动是否已正确安装、设备接口和线路是否已正确连接。

7.RS-485总线型传感器设备故障

传感器是物联网感知层设备的核心组件，负责感知环境信息并将其转化为电信号。传感器设备在工作过程中出现各种问题和异常情况，导致其无法正常采集、处理或传输数据。这些故障可能包括以下几方面：

①COM口选择错误：如果计算机上有多个COM口，连接传感器时要确保选对端口，否则设备可能无法正常工作。

②设备地址问题：每个传感器设备都有一个唯一的地址，如果地址设置错误或者两个设备的地址重复了，那么它们之间可能会出现冲突，导致通信不畅。

③通信参数设置错误：通信参数包括波特率、校验方式、数据位和停止位等，如果设置不正确，设备之间就无法正常通信。这就像两个人说不同的语言，无法交流一样。

④485总线问题：485总线是传感器设备连接的重要线路。如果总线断开了，或者A、B线

接反了，设备就无法正常通信。这就像一条路被堵住了，车辆无法通过一样。

⑤供电与布线问题：如果设备数量过多或者布线太长，可能会导致供电不足或信号衰减。为了解决这个问题，可以就近供电，并加入485增强器来提高信号质量。同时，在总线的两端加上120 Ω的终端电阻，也可以帮助稳定信号。

⑥USB转485驱动问题：如果计算机是通过USB接口连接485总线，那么需要安装USB转485的驱动程序。如果驱动程序没有安装或者损坏了，设备就无法正常工作。

⑦设备损坏：设备本身损坏。这种情况下，需要更换新的设备。

8.执行器设备故障

执行器设备故障是指执行器在工作过程中出现各种问题和异常情况，导致其无法正常执行相应的动作或任务。这些故障可能包括运动异常、停止工作、响应延迟、力量不足以及连接问题等。解决执行器故障通常需要检查供电情况、连接状态，进行调整、维护以及修复、更换关键部件。

四、物联网系统设备故障排查

在物联网系统中，使用的设备种类繁多，每个厂家生产的设备对应的故障排查方法可能都有所不同。然而，对于一般物联网设备而言，大致上可以采用简单的仪表测量或软件检测来初步定位问题所在。

1.物联网设备链路故障排查

物联网工程应用中常见的链路包括双绞线、光纤、同轴电缆、导线和无线等，用于设备之间的数据传输。当物联网设备出现网络通信故障时，物联网安装调试员通常会考虑各种可能的原因，如网络适配器、跳线、信息插座、交换机、路由器、网关以及通信介质等设备的问题。任何一个设备的损坏都可能导致网络连接中断。因此，排查故障时需要综合考虑设备和通信介质的各个环节，逐一排查可能的问题，以确定故障原因并采取适当措施进行修复。确保各个链路和设备正常工作，有助于实现物联网设备的数据采集和正常通信。

（1）双绞线检测

双绞线链路故障的常见原因包括接头制作不良、接头或中间线路部位断线，以及线体损坏等。针对这些问题，排查双绞线链路故障的方法主要包括重新制作接头和更换传输介质。通过重新制作接头，确保接头的质量和连接可靠性；如果出现断线或线体损坏，需要更换受影响的部分，以恢复双绞线链路的正常传输功能。这些措施会有助于解决双绞线链路故障，并确保数据的可靠传输。双绞线接线顺序见表3-16。

表 3-16　双绞线接线顺序

连接标准	排列顺序
T568A	白绿、绿、白橙、蓝、白蓝、橙、白棕、棕
T568B	白橙、橙、白绿、蓝、白蓝、绿、白棕、棕

（2）导线检测

在物联网工程应用中，导线通常由铜或铝制成，外部使用绝缘材料包裹。在连接RS-485接口设备、供电电源设备等时，常需要裁剪导线。然而，如果导线长时间暴露在室外或恶劣的环境中，会导致导线快速老化等问题。因此，在布线时需要选择合适的导线和合适的保护措施，以确保导线的稳定性和可靠性，避免导线老化引起的故障。定期检查导线的状态和进行必要的维护保养也很重要，以延长导线的使用寿命。物联网安装调试人员检测导线时可参考表3-17所示的检测内容。

表 3-17　导线检测

排查内容	检验方法
导线有无破皮、变形、标识不清	目视观察
导线与设备的连接接口是否正常	目视观察、万用表测量

（3）Wi-Fi信号强度检测

在物联网工程应用中，通过检测Wi-Fi信号强度来判断通信受阻是否由链路问题引起。Wi-Fi信号强度检测可以通过不同的软件工具实现，以下是几种常用的方法和工具：

①Wi-Fi信号强度检测应用程序：可以在智能手机、平板电脑或计算机上安装Wi-Fi信号强度检测应用程序，如Wi-Fi Analyzer（Android平台）或NetSpot（Windows和Mac平台），这些应用程序可以显示附近Wi-Fi网络的信号强度。

②操作系统内置工具：某些操作系统提供了内置的Wi-Fi信号强度检测工具。例如，Windows操作系统可以通过在任务栏上的Wi-Fi图标上单击右键，然后选择“打开网络和Internet设置”，在“Wi-Fi”部分可以查看当前连接的Wi-Fi信号强度。

③Wi-Fi信号强度测量仪器：专业的Wi-Fi信号测量仪器可以提供更精确的信号强度测量结果。这些仪器通常具有扫描功能，可以扫描附近的Wi-Fi信号并显示其强度。

（4）网络适配器接口故障排查

在网络设备中，除了线路问题外，链路故障可能由网络适配器故障引起。常见的网络适配器接口包括RJ-45、RS-232、RS-485、RJ-11、SC光纤、FDDI、AUI、BNC和Console接口等。

网络适配器接口故障排查的步骤包括检查插头连接，观察端口是否损坏，更换端口进行测试。同时，注意观察网络设备的指示灯闪烁状态，对比产品说明书来确认正常和异常的指示灯表示。可以尝试使用其他设备连接同一接口，测试通信情况，排除接口故障的可能性。如果仍然存在问题，可以尝试重启设备。通过这些步骤，可以排查并解决网络适配器接口故障，确保网络连接的稳定性和可靠性。

2.设备配置故障排查

物联网设备和平台配置会直接影响数据传输。正确配置设备参数、网络连接和安全设置，选择合适的通信协议，解决配置问题就可保障物联网系统正常运行和数据传输。

（1）计算机网络连通性排查

在排查计算机网络连通性时，可以执行以下步骤：①检查物理连接，确保网线插好且设备正常。②使用ping命令测试与目标主机之间的连通性，可以检查是否能够成功发送和接收数据包。③检查IP配置，确认是否有冲突或错误设置，使用ipconfig命令查看和配置本机的网络接口信息，还可以查看IP地址、子网掩码、网关等网络配置信息是否有误。

（2）设备地址配置排查

绝大多数物联网设备都有一个设备地址，如基于TCP/IP的设备地址为IP地址，基于RS-485总线型设备的地址为十六进制数值。物联网安装调试人员对设备配置进行排查时，第一个需要检测的项就是设备地址，常见的设备地址排查内容见表3-18。

表 3-18　设备地址排查

检测内容	描述
数据传输协议	确定设备传输数据的模式
原设备地址是否与工程设计一致	判断设备地址是否按照标准设定

（3）设备连接参数配置排查

物联网应用工程中连接RS-232/485等设备时，需要配置该类设备的连接参数。运维工程师确认设备地址无误后，可检测设备连接参数与设备提供的参数是否一致，见表3-19。

表 3-19　设备连接参数排查

检测内容	描述
波特率	接入设备的波特率值，常使用 9 600
数据位	接入设备的数据位值，常使用 8
校验位	接入设备的校验位值，常使用 none
停止位	接入设备的停止位值，常使用 1

3.RS-485总线型传感器故障排查

RS-485总线型传感器常采用主从通信方式，通过一对双绞线连接各个接口的A端和B端。通常出现的故障现象包括供电异常、数据采集故障和数据漂移等。

RS-485 总线型传感器设备故障排查

（1）传感器供电排查

①检查供电电源：确认所使用的供电电源是否正常工作、电压是否稳定，并检查电源线路是否连接正确。可以使用良好工作的电源替换供电电源，以检查是否是电源问题导致的故障。

②检查电源线路：检查传感器的电源线路，确保连接牢固，无短路、断路或接触不良的情况。如果有多个传感器供电，确保分配合理，供电电源能够满足总功率要求。

③检查电源适配器或电池：如果传感器使用电源适配器或电池供电，请确保适配器或电池正常工作。检查适配器的输出电压和电流是否符合传感器的要求，或者更换电池来验证供电是否正常。

④检查供电电压：使用万用表等工具测量传感器的供电电压，确保电压值在传感器的工作范围内。如果电压偏离正常范围，可能需要修复供电线路或更换电源。

⑤检查供电保护措施：一些传感器可能具有过流保护、过压保护或反向电路保护等功能。检查这些保护措施是否生效，以防止电源故障对传感器造成损害。

⑥与供应商或技术支持团队联系：如果以上步骤都没有解决问题，建议与传感器的供应商或相关技术支持团队取得联系。提供详细的故障信息和排查步骤，以便他们能够提供进一步的指导和支持。

（2）传感器数据异常排查

RS-485通信接口传感器供电正常，出现RS-485通信接口传感器在进行数字采集和传输工作时出现故障，可以按照以下步骤进行排查：

①检查通信连接：确保RS-485总线连接正确，A端与A端相连，B端与B端相连。检查连接线路是否松动、损坏或接触不良。

②检查总线拓扑结构：确保RS-485总线拓扑结构正确，主机与从机的连接方式、数量是否符合规范。检查是否存在总线终端电阻，确认终端电阻的安装位置是否正确。

③进行通信测试：使用调试工具（如串口调试器、逻辑分析仪等）监测总线通信情况。确认主机能发送正确的命令，并且从机能够正确响应。检查发送和接收的数据是否与预期相符。

④检查从机地址：每个从机具有唯一的地址，确保从机的地址设置正确，不与其他设备冲突。

⑤检查数据处理算法：如果传感器具有内部数据处理算法，检查算法是否正确配置。确保数据采集和处理过程中的算法没有问题。

⑥检查信号完整性：考虑到长距离传输会引入噪声和电磁干扰，检查信号线路是否受到外部干扰。可以尝试使用屏蔽线缆、增加信号屏蔽等方式改善信号完整性。

⑦验证通信参数：检查主机与从机的通信参数是否一致，包括波特率、数据位数、奇偶校验等参数。确保主机与从机的通信参数设置一致。

4.模拟量传感器故障排查

模拟量传感器
故障排查

模拟量传感器发出的是连续信号，用电压、电流、电阻等被测参数的大小来表示。传感器采集的数据量大小是一个在一定范围内变化的连续数值。常见的模拟量传感器故障包括供电异常、数据采集故障和干扰故障。

供电异常故障：传感器可能由于供电问题无法正常工作。导致无法正常工作或输出准确的模拟信号。解决方法包括检查供电电源、供电线路连接、确认供电电压是否稳定以及尝试替换新的传感器。以下是模拟量传感器供电异常故障排查的一般步骤：

①检查供电电源：确认传感器的供电电源是否正常工作。检查供电电源的电压、电流是否符合传感器的要求，确保电源线路连接牢固，无短路、断路或接触不良的情况。

②测量供电电压：使用万用表等工具测量传感器的供电电压，确保电压值在传感器的工作范围内。如果电压偏离正常范围，可能需要修复供电线路或更换电源。

③检查供电线路：检查传感器的供电线路，确保连接牢固，无短路、断路或接触不良的情况。如果有多个传感器供电，确保分配合理，供电电源能够满足总功率要求。

确认设备外观无明显损坏和线路连接正确后，使用万用表检查模拟量传感器设备（针对电流输出型的模拟量传感器）传输信号是否正常。以电流输出型的模拟量传感器为例，将万用表调至电流挡，万用表红色表笔接入设备输出信号端口，黑色表笔接入设备接地端口，连接完成后进行通电测试。观察万用表是否有电流值，进行模拟量设备信号测试。若测量发现无信号时，有可能是设备电路板故障。

5.执行器设备故障排查

执行器是一种用于执行特定动作或操作的设备，如开关、阀门、电机、马达等，用于控制或操纵物理系统的运动、操作或状态。当执行器设备出现故障时，可以按照以下步骤进行排查：

①检查供电情况：确认执行器设备的供电是否正常。检查电源线是否连接牢固，电源电压是否符合设备要求。可以使用万用表测量电源电压以确保其稳定性。

②观察指示灯或显示屏：如果执行器设备具有指示灯或显示屏，观察其状态或显示信息。异常的指示灯闪烁模式或错误信息可能提供有价值的线索。

③检查连接线路：检查执行器设备与控制系统之间的连接线路。确保连接线路正确，没有松动、损坏或接触不良的情况。

④检查执行器设备本身：检查执行器设备的内部部件和传感器。确保没有损坏、脱落或错误安装的部件。如果设备有自检功能，可以运行自检程序来检查设备的状态和功能。

执行器检测后还无法运行，如果执行器运行时电空开跳闸，这类故障有可能由执行器内部积水短路、执行器电路板故障等导致。在完成执行器故障排查后，发现执行器设备运行正常，但无法由控制器执行操作，这类故障主要由控制器配置错误导致。

任务实施

一、任务环境

任务实施前必须准备好农业气象环境监测系统故障排查设备清单，见表3-20。

表 3-20　农业气象环境监测系统故障排查设备清单

序号	设备 / 资源名称	数量	备注
1	无线路由器	1 个	

续表

序号	设备 / 资源名称	数量	备注
2	物联网中心网关	1 个	
3	交换机	1 台	
4	串口服务器	1 台	
5	百叶箱传感器（温湿度、噪声）	1 个	
6	大气压力传感器（模拟量）	1 个	
7	光照度传感器（模拟量）	1 个	
8	风速传感器（模拟量）	1 个	
9	二氧化碳变送器（RS-485 型）	1 个	
10	RS-485 转 RS-232 转换器	2 个	
11	USB 转 RS-232 转换器	1 个	
12	工具箱	1 个	

二、排除通信故障

在本项目任务一的基础上，假设技术人员在调试过程中，遇到的故障是物联网中心网关不能进入网关登录页面。

1.故障分析

物联网中心网关不能进入网关登录页面的原因可能是电源故障、网络问题或者网关的网络设置错误。

2.处理策略

本着先硬件后软件的原则，先排查电源问题，再排查网络问题，再排查网关设置问题。可能的问题有3个：物联网中心网关电源供电不正常；路由器与物联网网关间的网络通道不畅；物联网网关的IP地址设置错误。

首先，排查电源问题，给物联网中心网关设备上电，观察物联网网关电源指示灯的状态是否为常亮，如果电源指示灯熄灭，可能是电源适配器损坏，则更换电源适配器。更换适配器再次观察指示灯状态，如果指示灯还是熄灭，则说明设备损坏，可更换设备。

其次，排查网络问题，可以使用网络测线仪测试双绞线是否正常。

再次，使用ping命令检测，打开计算机的“开始”菜单，运行CMD，进入命令行程序，输入指令“ping+网关IP地址”，观察网络是否连通，如果收到字节的返回，则说明设备通信正常。如果没有收到字节的返回，则说明设备不能正常通信，如图3-35所示。说明路由器与物联网网关间的网络存在故障。

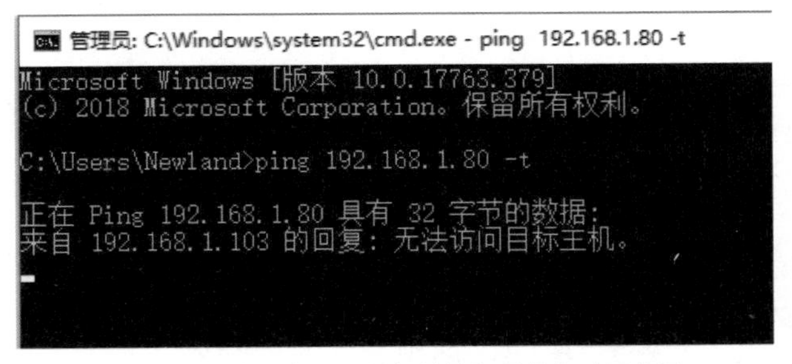

图 3-35　物联网中心网关与计算机通信失败示意图

最后，核查物联网网关IP地址是否在局域网内与其他设备设置的地址冲突。以上操作都不能解决问题，直接复位物联网网关，访问网关的配置页面（http：//192.168.1.100）重新配置网络参数。

3.排故操作

①查看物联网网关电源接口连接情况。使用万用表测量直流电压挡测量电源适配器是否有12 V电压，如图3-36所示，其次观察物联网电源指示灯PWR，常亮表示运行正常，否则表示设备损坏，如图3-37所示。

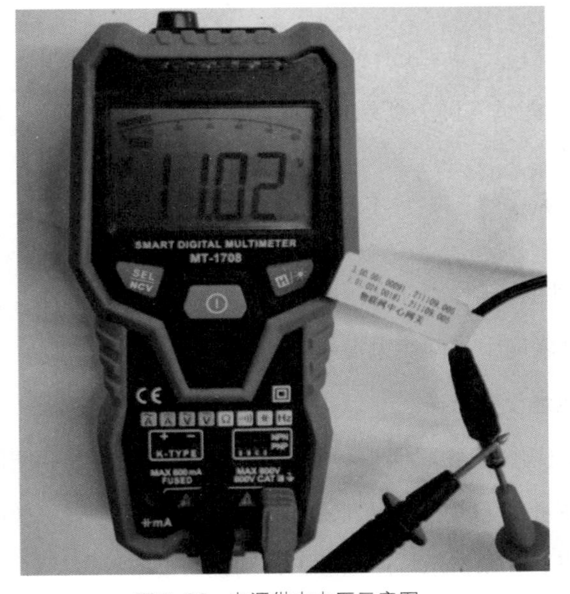

图 3-36　电源供电电压示意图

图 3-37　电源指示灯正常示意图

②查看双绞线链路连接情况，使用网络测线仪测试网络的通断。

③检查路由器与物联网网关间的网络通道。计算机接在路由器上，如果通过ping命令能够接收到物联网网关的回复，说明物联网网关与路由器间能正常通信，如图3-38所示。

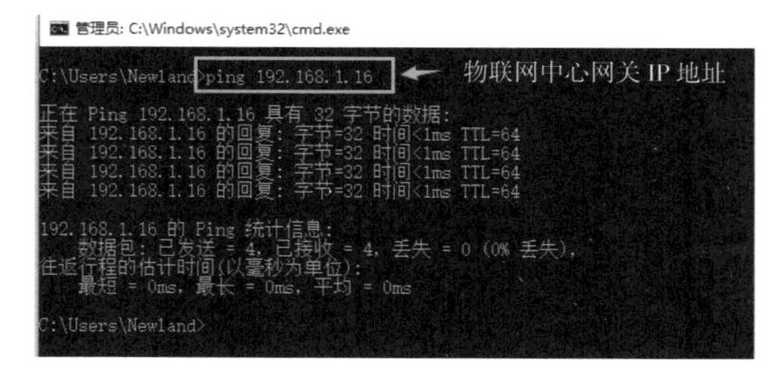

图 3-38　物联网中心网关与计算机通信正常示意图

④如果收不到物联网网关的回复，说明物联网网关与路由器间存在故障，检查网线是否接好。

⑤查看各网络设备IP地址是否在同一局域网内，IP地址设置是否冲突，利用IP扫描工具，扫描局域网中的各终端IP地址。

⑥重置物联网中心网关。在物联网中心网设备上，通常设置有复位键，如图3-39所示。通过长按复位键就可以将设备恢复出厂设置，恢复出厂设置后，输入默认的登录网址，如果仍然无法正常登录配置页面，则说明设备故障。

图 3-39　重置物联网中心网关示意图

4.排故结果查询

在一个浏览器中访问网关的配置页面（http：//192.168.1.100）。输入用户名和密码，都为“newland”，如图3-40所示。

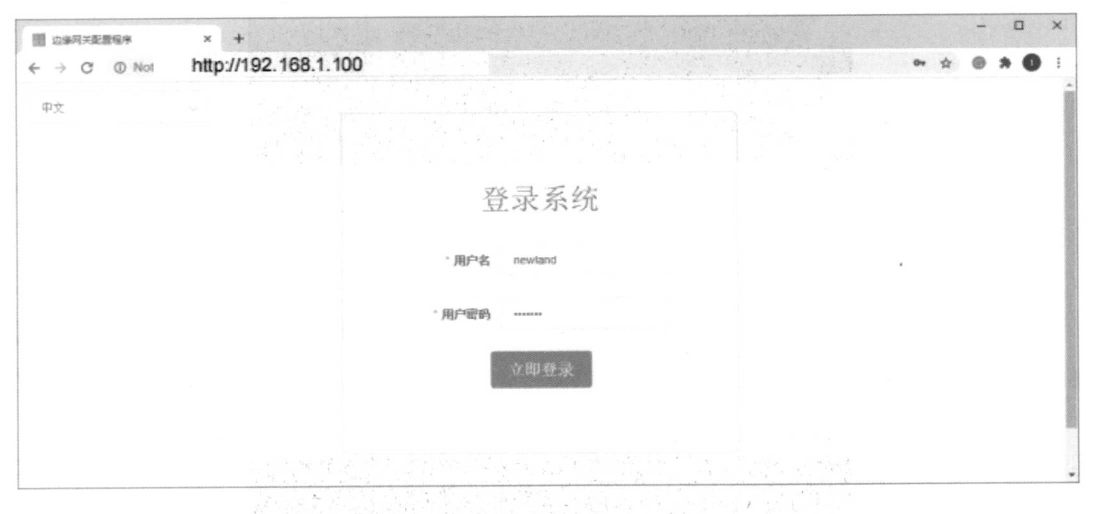

图 3-40　物联网中心网关配置页面

5.填写故障排查记录

根据系统故障如实填写故障排查记录表，见表3-21。

表 3-21　故障排查记录表

序号	故障描述	故障原因及处理详情	排查时间	排查人员
1	物联网中心网关不能进入登录页面			

三、排除硬件故障

在本项目任务一的基础上，假设技术人员在调试过程中，遇到的故障是物联网中心网关数据监控界面中不能获取光照度传感器数据，其余传感器获取数据正常。

1.故障分析

物联网网中心网关数据监控界面中不能获取光照度传感器数据，其余传感器获取数据正常，可能的原因是光照度传感器电源故障、接线问题、设备配置参数有误等。

2.处理策略

本着先硬件后软件的原则，先排查电源问题，再排查光照度传感器连线问题。可能的问题有2个：光照度传感器电源供电不正常；光照度传感器与ADAM4017采集器接口连线松动。使用万用表检查模拟量传感器设备供电和接线是否存在错误、短路、断开等情况。

3.排故操作

①光照传感器供电排查。查看外观，如果无明显损坏且线路连接无误，使用万用表，将红表笔连接传感器的电源正极，黑表笔接电源的负极，连接完成后进行通电测试。观察万用表是否有电压值，该值是否与设备供电参数匹配，如图3-41所示。若发现测量电压与设备供电参数不匹配，需更换供电设备。

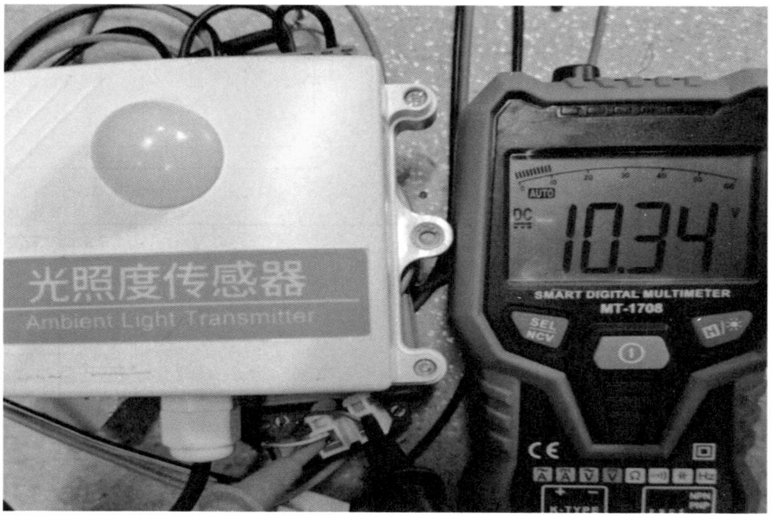

图 3-41　光照度传感器设备供电测试

②将ADAM-4017模拟量采集设备信号线Vin1与光照度传感器信号线（黄色信号线）连接，通过ADAM-4017配置软件查看光照度传感器数据是否存在异常，如图3-42所示。

• 电源部分

光照度传感器接电源：红线接24 V、黑色线接GND（-24 V）。

ADAM-4017模拟量采集设备的+VS接口接24V电源正极，GND接口接24 V电源负极。

• 数据连线部分

光照度传感器的数据线（黄线）接ADAM-4017的Vin5+（可任选3个VinX+），绿线、Vin5-与GND（24 V）相连。

ADAM-4017+数据传输接口（DATA+与DATA-）与计算机485端口相连，注意区分485A与485B。

• 连线完成，逐一检查

检查设备电源是否连接正确，包含检查极性及电压大小。

信号输入输出是否连接正确。

检查无误，通电测试系统效果。

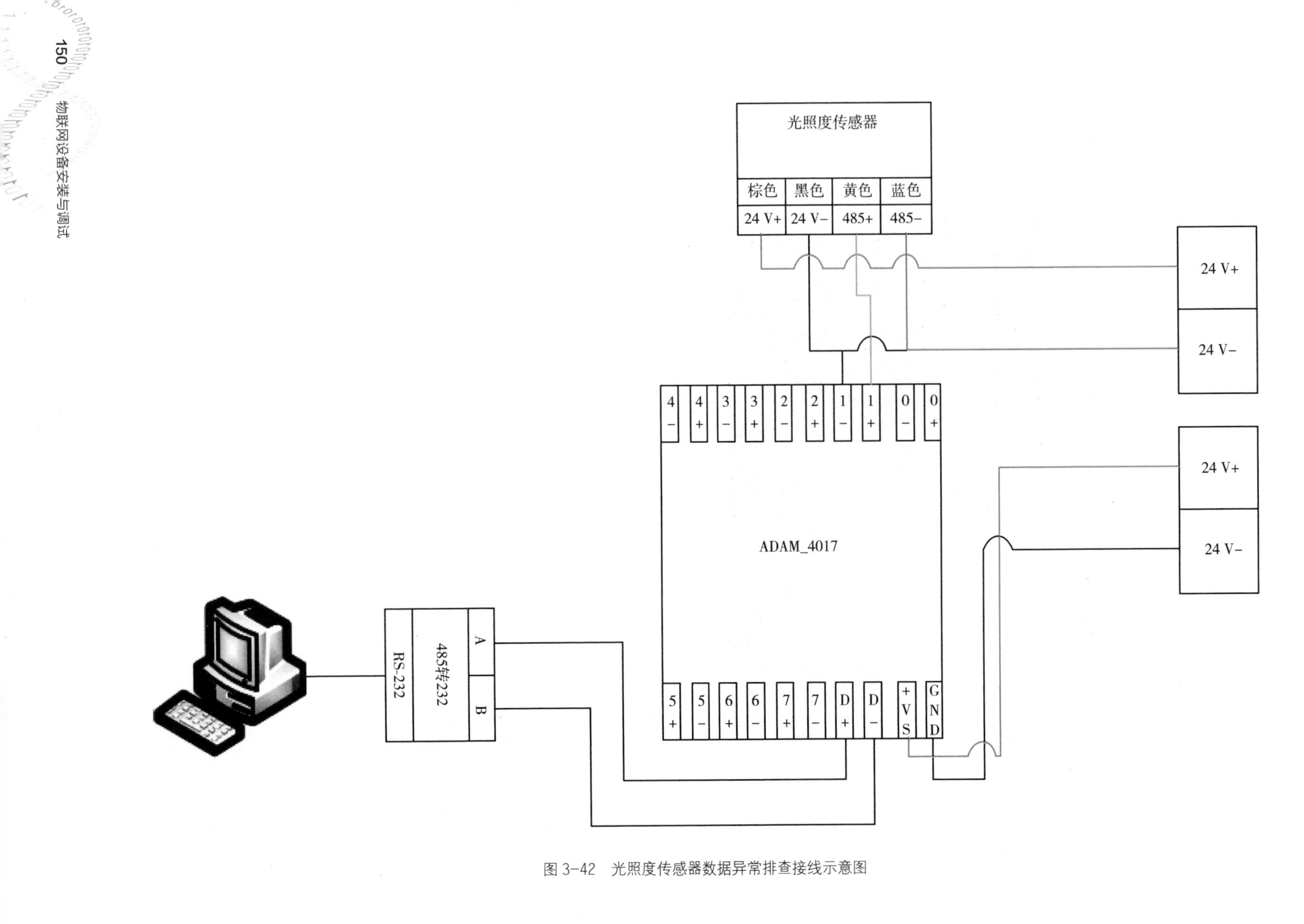

图 3-42　光照度传感器数据异常排查接线示意图

4.排故结果查询

通过ADAM-4017配置工具观察是否有电流值，正常的模拟量设备测试电流值如图3-43所示，如果电流值在4~20 mA变化，属于正常。若发现测量无信号时，有可能是设备电路板故障。

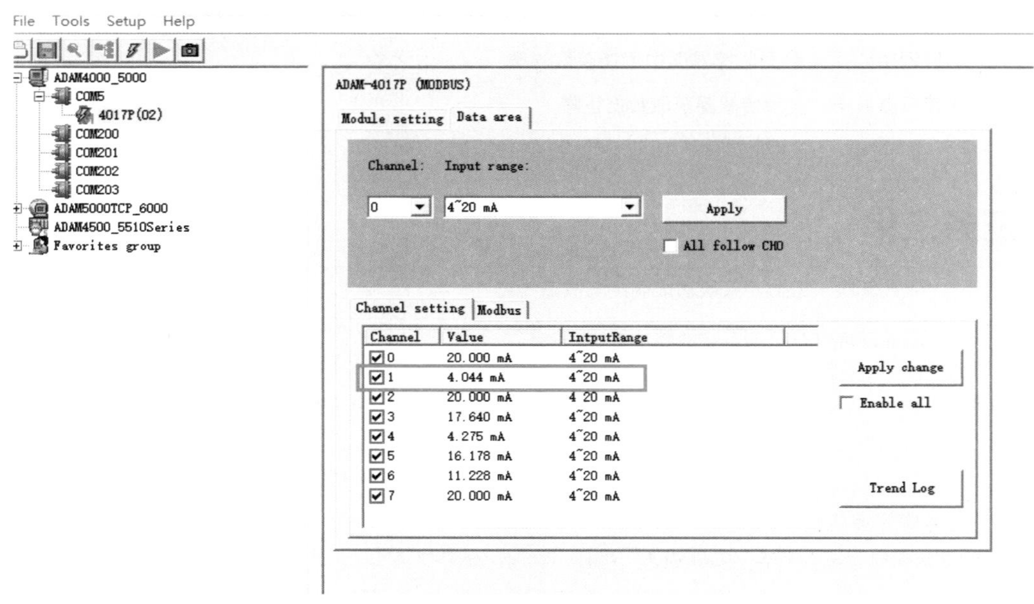

图 3-43　光照度传感器排故结果图

5.连接器设备参数排查

进入物联网中心网关连接器设备页面，查看光照度传感器配置参数，如图3-44所示，检测设备通道号、传感器类型选择是否正确。

图 3-44　连接器设备配置页面

6.填写故障排查记录表

填写故障排查记录表（表3–22）。

表 3–22　故障排查记录表

序号	故障描述	故障原因及处理详情	排查时间	排查人员
1	物联网中心网关数据监控界面中不能获取光照度传感器数据，其余传感器获取数据正常			

任务工单

项目三	农业环境气象监测系统功能调试与故障排查	
任务二	农业环境气象监测系统故障排查	
班级：		小组：
姓名：		学号：
分数：		

1. 任务实施完成情况

若每个任务顺序完成则在“完成情况”处打“√”，否则打“×”，并在“备注”中写出未完成内容。

任务	任务内容	完成情况	备注
①通信故障排查	根据物联网中心网关不能进入网关登录页面的故障现象，分析出故障原因、处理策略、排故步骤，填写故障排查记录表		
②硬件设备故障排查	根据不能获取光照传感器数据的故障现象，分析出故障原因、处理策略、排故步骤，填写故障排查记录表		

2. 任务检查与评价

评价项目	评价内容		配分/分	评价方式		
				自我评价	互相评价	教师评价
理论知识（20分）	常见物联网系统故障的定义及分类、物联网设备故障及原因		10			
	常用故障分析和查找方法		10			
专业技能（60分）	故障分析及排查操作	根据故障现象分析故障原因	10			
		根据故障现象分析故障原因，判断故障点，使用仪器仪表、配置工具排除故障	20			
		将故障排查过程、结果资料进行正确截图	20			

续表

评价项目	评价内容		配分/分	评价方式		
				自我评价	互相评价	教师评价
专业技能（60分）	填写故障排查记录单	正确填写故障排查记录表	10			
素养能力（20分）	安全操作与工作规范	操作过程中严格遵守安全规范，注意断电操作，正确使用防静电设备，每处不规范操作扣1分	5			
		严格执行“6S”管理规范，积极主动完成工具设备整理	5			
	学习态度	认真参与教学活动，课堂互动积极	3			
		严格遵守学习纪律，按时出勤	3			
	合作与展示	小组之间交流顺畅，合作成功	2			
		语言表达能力强，能够正确陈述基本情况	2			
合计			100			

3. 任务自我总结

任务过程中遇到的问题	解决方式

任务小结

本任务介绍了农业气象环境监测系统的故障排查。通过本任务的学习，学生可掌握物联网系统故障的定义与分类、故障排查流程及方法、物联网系统常见设备故障的原因及排查方法等。本任务相关知识和技能的思维导图如图3-45所示。

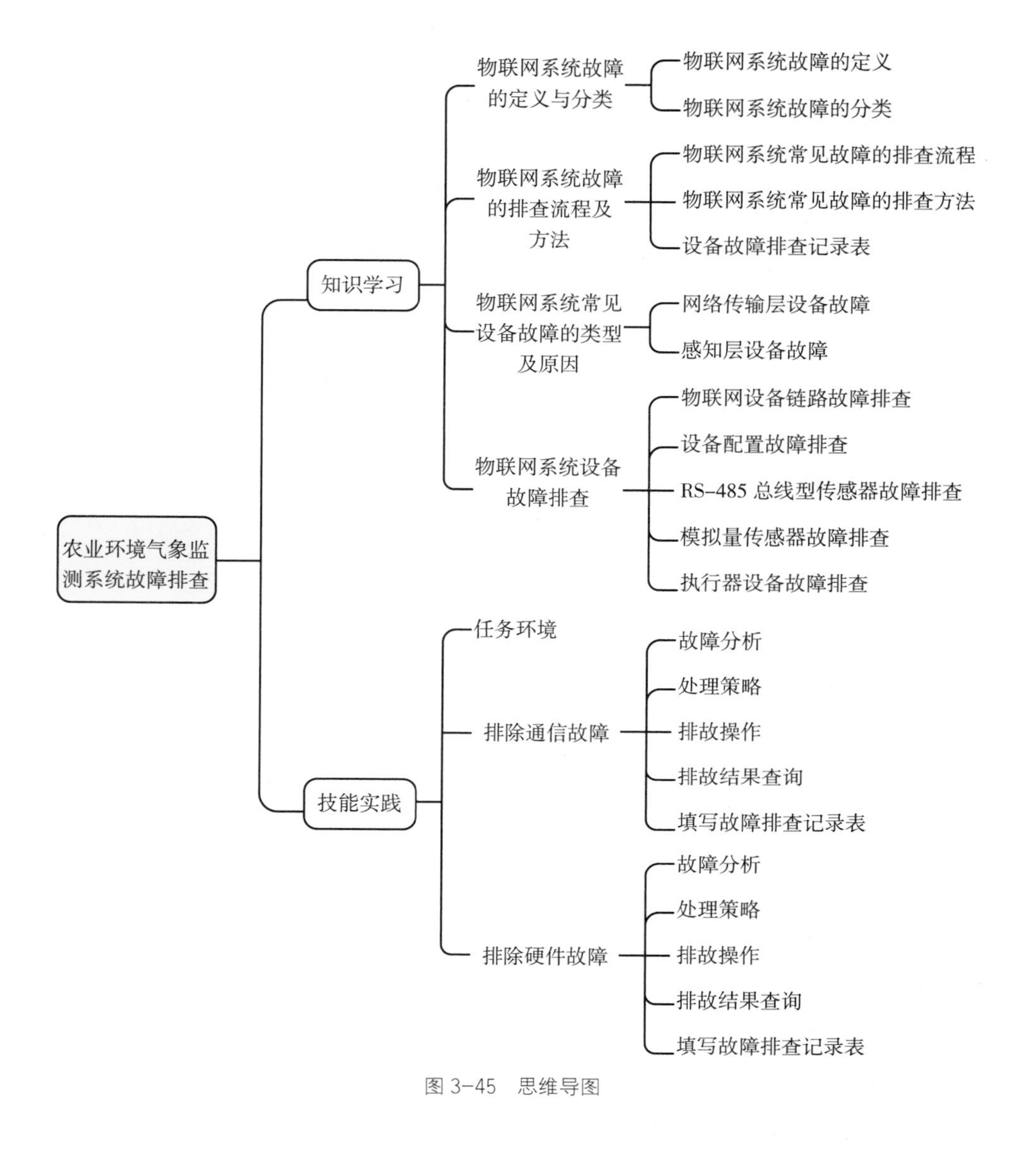

图 3-45 思维导图

任务拓展

请将常见的硬件故障汇总，分析原因并总结排除故障的方法，填写表3-23。

表 3-23 故障处理表

序号	故障现象	分析故障原因	故障处理方法
1	无法访问路由器配置页面		
2	交换机无法连接外部网络		
3	串口服务器页面无法访问		
4	物联网中心网关页面无法查看百叶箱数据		

项目四

畜牧养殖系统云平台效果展示与项目验收

项目概述

畜牧养殖系统云平台是农业物联网的重要组成部分，它集物联网技术、大数据技术、云计算技术等先进技术于一体，构建了一个全面监控畜牧养殖过程的系统。云平台有着智能化、高效化的特点，它可以保障安全养殖，并且提升养殖的生产效益，从而为全面实现乡村振兴提供强大的技术支持。

畜牧养殖系统云平台效果展示

任务描述

养殖户李先生接入了畜牧养殖系统云平台，依据官方说明书进行操作时，李先生看不懂专业词汇的描述，但现在需要用云平台监测一批新买的小猪。于是，李先生求助官方客服小王，希望他用通俗的语言，远程介绍云平台上的数据收集与处理、养殖环境监控、疫病预警与防控、饲料配方优化、生长曲线分析的功能以及如何正确使用。为了协助养殖户李先生快速入门，小王使用公司的本地平台，用计算机远程为李先生演示，并教会他使用。

任务要求

◎ 清晰准确地介绍畜牧养殖系统云平台的概念及功能。

◎ 根据系统结构拓扑图，正确搭建云平台。

◎ 在网页端正确配置云平台，并设置策略。

◎ 远程监控设备运行情况。

任务目标

知识目标

- 能描述畜牧养殖系统云平台的概念。
- 能准确描述云平台的搭建步骤和配置。
- 能准确描述云平台的操作规范和注意事项。

能力目标

- 能独立搭建畜牧养殖系统云平台，正确配置云平台，依据实际情况设置策略。
- 能远程监控云平台的数据和信息，及时发现养殖过程中出现的问题。

素养目标

- 培养社会责任感。

- 树立绿色发展理念。
- 培养团队合作意识。

智能养殖的得力助手

在一个阳光明媚的早晨，养殖户李先生登录了自己的畜牧养殖系统云平台。他先查看了动物们的身体健康情况，一切都正常。接着他一键录入了新采购的饲料信息，平台自动为他统计分析了饲料消耗情况，并为他提供了精准的饲料配方建议。李先生感叹：“以前总是凭经验喂养，现在有了这个平台，我可以更科学地控制成本，让每一粒饲料都物尽其用。”

午后，李先生通过手机实时查看了养殖场的温度、湿度等环境参数。突然，他发现有个区域的湿度过高，便立即通过云平台开启了通风设备，让空气顺畅流通，把温度降低，给动物们提供了一个舒适的养殖环境。这种实时的环境监测与调控，确保了动物们在最佳的生长环境中成长。

傍晚时分，云平台突然发出黄色预警，提示有一只动物体温过高。李先生立即通过云平台查看了该动物的详细信息，并联系了兽医，向兽医提供了该动物的病理情况。很快兽医赶到养殖场，并给该动物进行诊断与治疗。经过及时处理，该动物很快恢复了健康，它又欢快地融入了其他动物中。李先生感慨地说：“这个云平台真是我的得力助手，它帮我及时发现并解决了问题，避免了不必要的损失。”

任务准备

一、认识物联网云平台

认识物联网云平台

1.云平台的起源与发展

云计算技术的起源可以追溯到20世纪60年代，当时的计算机资源主要集中在大型中央计算机上。随着互联网的发展，人们开始探讨如何将计算能力分布到更广泛的范围，以满足不同用户的需求。这种思路逐渐演变成了云计算的概念。云计算的发展历程见表4–1。

表 4-1　云计算的发展历程

时间	特点	应用场景
1960—1989 年	云计算概念萌芽，主要采用集中式的大型计算机或超级计算机，提供计算和存储等基础服务	大型企业和机构使用，以支持科学计算和复杂数据处理
1990—2000 年	随着互联网技术的发展，云计算逐渐普及，出现了早期的商业云服务提供商。这些云服务提供商提供基础的存储和计算服务	个人和企业开始使用在线存储和简单的计算服务
2001—2010 年	云计算进入商业应用阶段，Amazon Web Services（AWS）和阿里云等公共云服务正式推出，提供弹性计算和存储服务	各类企业开始迁移业务到云端，以降低 IT 成本并提高业务灵活性
2011 年至今	云平台智能化、边缘计算崛起，支持快速数据处理和分析，同时注重安全性和隐私保护，提供个性化服务	应用于智慧城市、智能家居、工业物联网、智慧医疗等领域，提供智能化和高安全性的解决方案

随着技术的不断成熟，云计算开始在各行各业得到广泛应用，畜牧养殖行业也不例外。

2.物联网云平台的应用

（1）物联网云平台的概念与现状

物联网云平台是联动感知层和应用层的中枢系统，是功能与价值凝聚的PaaS（平台即服务）软件。它是由物联网中间件逐步演进形成的。简单来说，物联网云平台是物联网平台与云计算技术融合，架设在IaaS（基础设施即服务）层上的PaaS软件。通过联动感知层和应用层，物联网云平台向下连接、管理物联网终端设备，归集、存储感知数据，向上提供应用开发的标准接口和共性工具模块，以驱动理性、高效决策。物联网云平台是物联网体系的中枢神经，协调整合海量设备、信息，构建高效、持续拓展的生态，是物联网产业的价值凝聚。随着设备连接量增长、数据资源沉淀、分析能力提升和场景应用丰富，物联网云平台的市场潜力将持续释放。

（2）物联网云平台的部署模式

物联网云平台基于PaaS发展，通常分为公有云与非公有云两种模式。公有云部署方式更偏向于开放性、低成本开发与标准化模式，适合解决连通性缺乏与场景割裂等应用问题。在定制化开发需求高和网络安全私密性要求高的场景，如政务、医疗、交通安全等领域，物联网云平台通常作为整体解决方案的一部分被集成，并提供给最终用户。

（3）物联网云平台的系统架构

物联网云平台定位于物联网技术的中间核心层，其主要作用为向下连接智能化设备，向上承接应用层。根植于PaaS环境，以数据为养分生长，通过各类IOT平台加工，将数据向下游应用赋能，呈现出从上游终端到下游用户数据价值逐步升迁的逻辑。物联网云平台的关键组成部分包括连接管理平台、设备管理平台、应用使能平台和业务分析平台。

（4）物联网云平台的功能特点

国家、地方政策支持产业链上下游构建产业生态。政策文件鼓励云计算创新发展，促进实体经济向数字化、网络化、智能化方向演进。

国内部分知名物联网云平台供应商的功能和特点见表4-2。

表 4-2　物联网云平台供应商的功能和特点

供应商	功能	特点
阿里云 IOT	完善的产品体系、不断融入的新技术、“云网边端”一体化的服务能力	可满足用户在不同场景的业务需求，整体产品能力和市场份额靠前
华为云 IOT	集成物联网解决方案，提供数据采集、传输、存储、分析和展示的一站式服务	具备高效的数据处理能力和安全可靠的云服务，广泛应用于工业、智慧城市等领域
腾讯云 IOT	提供物联网平台和智能硬件开发套件，支持设备连接、数据采集、远程控制等应用场景	具备丰富的行业解决方案和强大的技术研发能力，为各行各业提供定制化服务
百度云 IOT	提供物联网平台、智能硬件开发套件和行业解决方案，支持设备连接、数据采集、分析等应用场景	具备强大的数据处理能力和人工智能技术，广泛应用于智能家居、工业等领域
京东微联	提供智能家居解决方案，支持设备连接、远程控制、语音控制等应用场景	以京东电商生态为基础，提供丰富的智能家居产品和服务，满足用户多样化需求
天翼物联	提供物联网平台和行业解决方案，支持设备连接、数据采集、远程控制等应用场景	与电信运营商合作紧密，具备大规模部署和运营能力，服务于智慧城市、工业等领域

这些供应商提供了丰富的产品和服务，涵盖了物联网平台、智能硬件开发套件和行业解决方案等方面。它们各自具有不同的特点和优势，可满足不同行业客户的需求。

二、物联网云平台功能

1.设备的接入

物联网云平台的设备接入是实现各种类型物联网设备与云平台连接、数据交互和命令控制的基础环节。根据不同设备的类型和连接方式，物联网设备可以通过网关连接、MCU和通信模组连接、通信模组直接连接，将数据传输至云端，如图4-1所示。

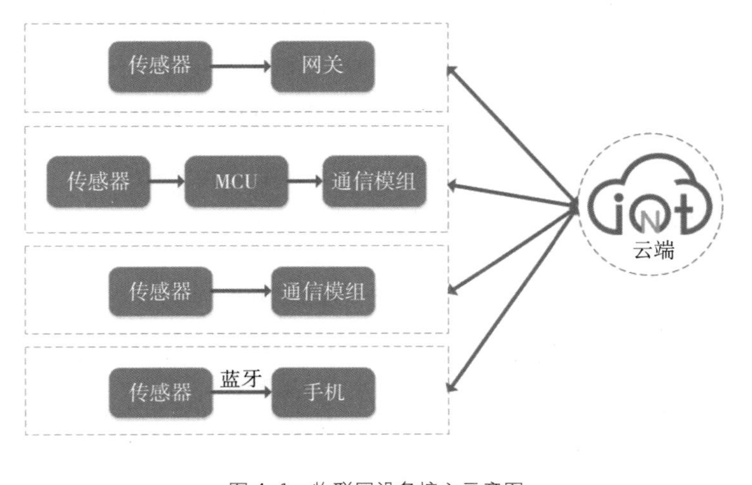

图 4-1　物联网设备接入示意图

在新大陆云平台中，设备接入流程包括设备连接、注册认证、数据安全通信和状态监测等步骤。

①开发者需要在平台上注册成为开发者，创建项目。

②在平台上创建新的设备，并定义设备的类型和参数；再确定设备的接入类型（如网关类设备、Newlab设备等），根据设备类型使用提供的SDK通过TCP/MQTT等协议进行接入，如果是网关类设备，需设置指定的云IP与端口进行接入。

③开发与设备交互的应用程序，通过Web API或API SDK进行数据处理、应用调试和测试。

如不需进行二次开发、设计和部署应用接口，则可以直接通过应用设计器一键发布到网页端使用。设备接入的流程如图4-2所示。

2.设备的管理

物联网云平台提供了高效的设备管理功能，确保设备能够被轻松识别、配置和管理。开发者在平台上注册设备时，会为每个设备分配唯一的ID或密钥。例如，一家智能家居公司可以为其生产的每个智能插座分配独特的标识码，确保这些插座能被安全且高效地接入云端；平台允许将相同类型或用途的设备进行分组管理。再如，一家农业企业可以将所有的温度传感器分为一组，所有的湿度传感器分为另一组，这样就可以更方便地进行批量操作和监控。

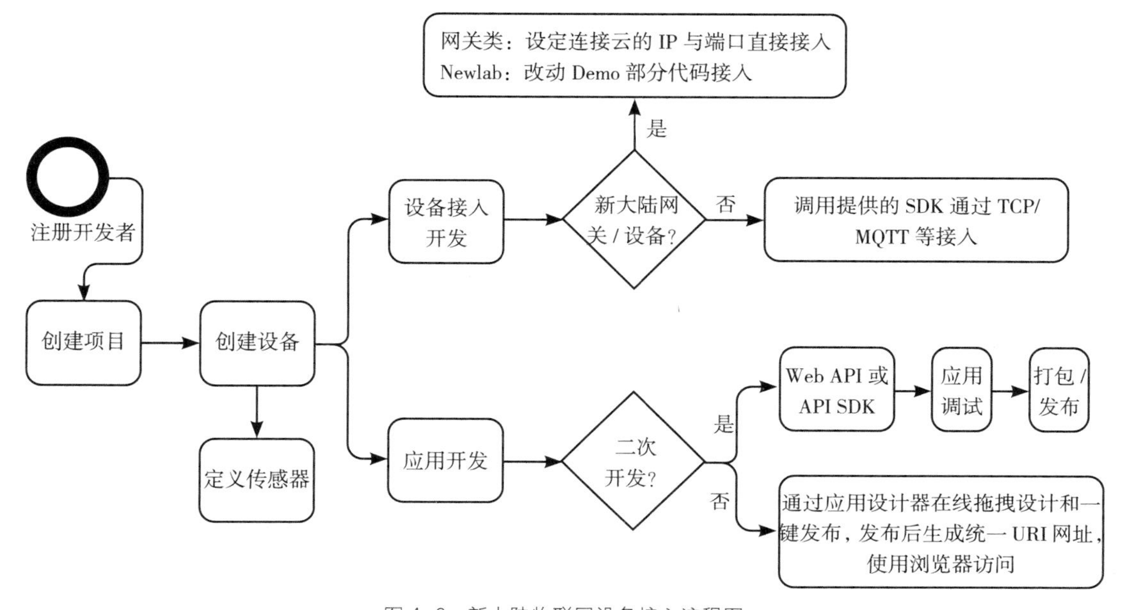

图 4-2　新大陆物联网设备接入流程图

3.数据采集功能

物联网云平台的数据库采集功能是将设备采集到的数据存储到云端数据库中，以便后续的数据分析和应用开发。物联网云平台能够实时采集设备的数据，为分析和决策提供坚实的数据基础。无论是环境监测传感器、工业设备传感器还是家用智能设备，平台都能高效采集数据，采集到的数据会被安全地存储在云端，并通过大数据分析技术进行处理。

例如，一个环境监测系统可以通过平台采集到温度、湿度、PM2.5等多种环境数据，如图4-3所示。分析来自各个传感器的数据，并实时上传到云端，物联网云平台将存储在云端的数据以数据列表、仪表盘、动态曲线、场景数据、地图等形式展示给终端应用开发者，方便开发者利用数据进行应用开发。

4.远程控制功能

物联网云平台提供了强大的远程控制功能，使用户能够随时随地对设备进行操作和管理。农场主可以通过手机应用程序远程启动灌溉系统，向设备发送控制指令，为农作物浇

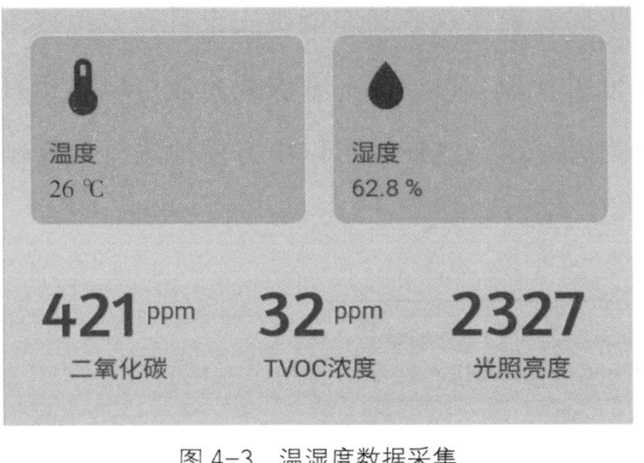

图 4-3　温湿度数据采集

水，即使身处数百千米之外，也能轻松管理农场；农场主还可以设置特定的自动化场景，使设备在满足某些条件时自动执行操作，使设备自动启动；根据用户的操作习惯和需求，云平台还可以智能推荐个性化的控制方案和操作建议。

5.实时监控功能

物联网云平台的实时监控功能确保用户能够随时了解设备的运行状态，及时发现和处理问题。平台可以实时监测设备的运行状态，包括在线状态、连接质量和电量等信息。例如，一家农牧公司可以实时监控每辆运输车的GPS位置和油量状态，确保运输过程的顺畅；当运输车出现异常时，平台会及时发出报警通知相关人员处理。

6.安全保障功能

物联网云平台提供了全面的安全保障措施，确保设备和数据的安全性。平台采用先进的加密技术，确保数据在传输过程中不被窃取或篡改。例如，传感器设备上传动物健康数据，导出相关数据时，会通过SSL加密通道进行传输，保护数据隐私。

平台通过严格的身份认证和访问控制机制，确保只有合法用户才能访问设备和数据。例如，内部的物联网云平台系统可以设置多级权限，只有管理员才能进行设备配置和关键数据查看。安全保障功能是物联网云平台的必备功能之一，可以保障设备和数据的安全性和隐私性。

任务实施

一、搭建云平台

1.任务环境

任务实施前必须准备好畜牧养殖系统的设备，见表4-3。

表 4-3　畜牧养殖系统设备清单

序号	设备 / 资源名称	数量	备注
1	无线路由器	1 个	
2	物联网中心网关	1 个	
3	交换机	1 个	
4	LoRa 网关	1 个	
5	串口服务器	1 个	
6	IOT 网络数据采集模块	1 个	
7	New Sensor（甲烷）通用版	1 个	
8	可燃气体 NB-IOT 模块	1 个	
9	多合一传感器	1 个	
10	光照噪声传感器	1 个	
11	温湿度传感器	1 个	
12	继电器	3 个	
13	多层警示灯	1 个	
14	综合显示屏	1 个	
15	水浸传感器	1 个	
16	火焰探测器	1 个	
17	烟感探测器	1 个	

2.识读系统拓扑结构

本任务提取真实畜牧养殖系统中的部分场景功能，选取畜牧养殖系统常见的传感器、采集器作为任务实施对象，系统结构图如图4–4所示。任务将贯穿物联网工程实施整个设备验收前试运行调试阶段，让学生掌握物联网系统设备调试技巧。

3.设备工位布局

熟悉畜牧养殖系统的安装部署图，明确设备的安装位置。完成畜牧养殖系统设备安装与布局，使设备布置合理，可参考图4–5。

4.设备安装与连线

阅读如图4–6所示的电气接线图，完成畜牧养殖系统的设备安装与接线。

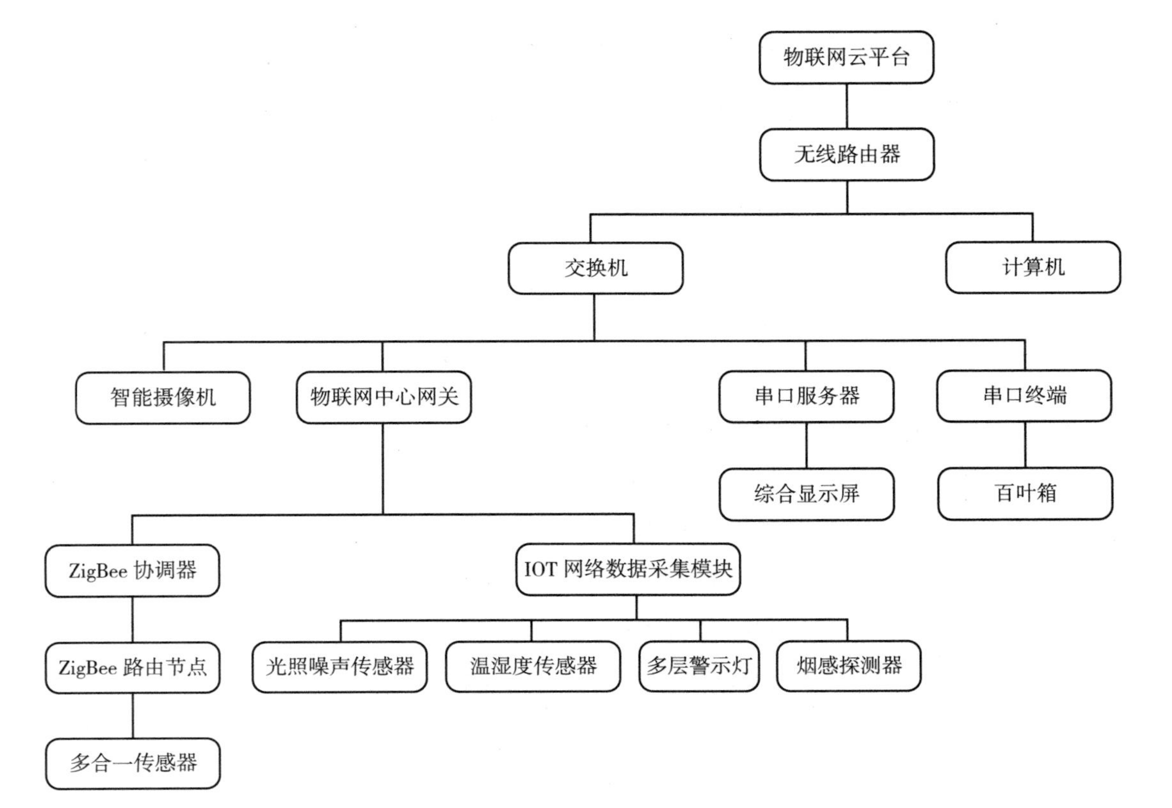

图 4-4 系统结构图

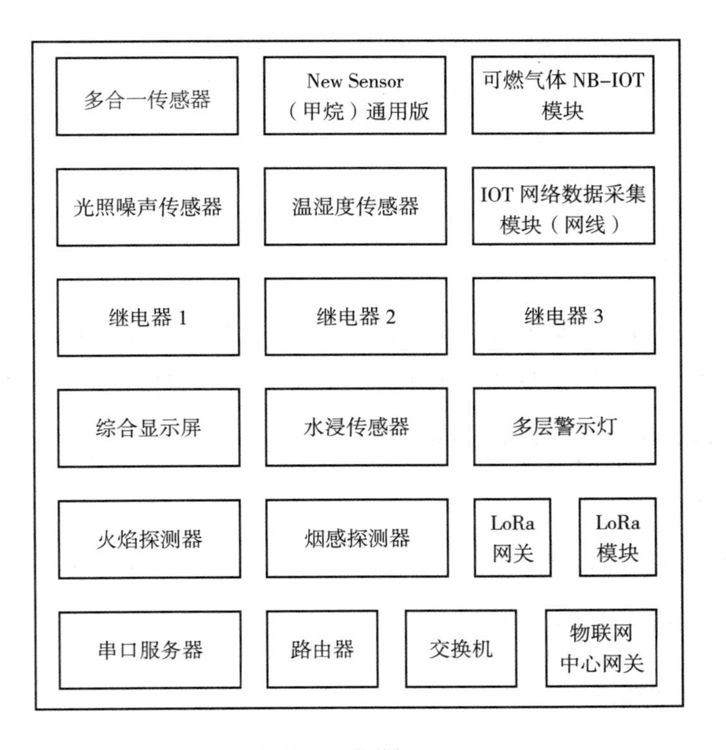

图 4-5 安装部署图

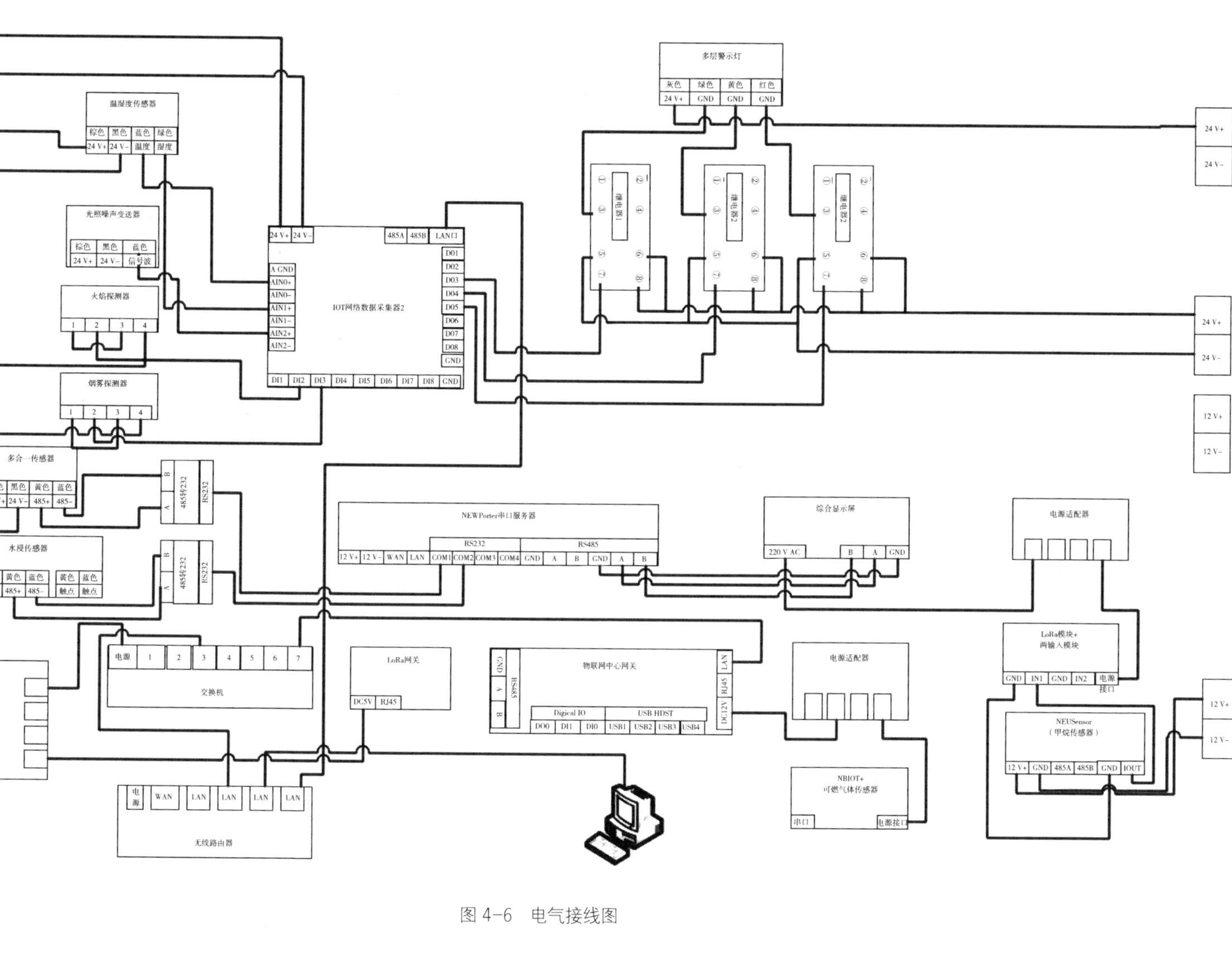
温湿度传感器
光照噪声变送器
火焰探测器
烟雾探测器
多合一传感器
水浸传感器
485转232
IOT网络数据采集器2
多层警示灯
继电器1
继电器2
NEWPorter串口服务器
综合显示屏
电源适配器
交换机
LoRa网关
物联网中心网关
无线路由器
LoRa模块+
两输入模块
NEUSensor
（甲烷传感器）
NBIOT+
可燃气体传感器
图 4-6 电气接线图

5.设备地址和端口划分

配置畜牧养殖系统网络设备IP地址参数，见表4-4。

表 4-4　局域网设备 IP 配置表

序号	设备名称	配置内容
1	无线路由器	IP 地址：192.168.1.1 子网掩码：254.254.255.0
2	计算机	IP 地址：192.168.1.11
3	串口服务器	IP 地址：192.168.1.12
4	物联网中心网关	IP 地址：192.168.1.13
5	LoRa 网关	IP 地址：192.168.1.14
6	IOT 网络数据采集模块	IP 地址：192.168.1.15

6.物联网中心网关页面配置

在畜牧养殖系统云平台的物联网中心网关中，需要创建4个“新增连接器”，分别为IOT多合一传感器、水浸传感器、综合显示屏、IOT网络采集器；它们分别新增相应的下属传感器设备，如图4-7所示。

7.配置云平台

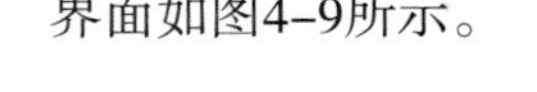
配置云平台参数

云平台需要同步物联网网关的设备信息，并根据需求设置相应策略。如发现网关不在线，请先查看系统故障分析并排除相关内容。

①打开浏览器，输入物联网云服务平台的网址（www.nlecloud.com），进入物联网云服务平台界面，输入用户名和密码，如图4-8所示，登录平台后的界面如图4-9所示。

②单击“马上创建一个项目”或“新增项目”，弹出新增项目提示框，如图4-10所示。

③填写项目名称、行业类别、联网方案等信息后，单击“下一步”按钮，如图4-11所示。

④在“设置TCP连接参数”界面，默认会代出云平台设备标识，单击“确定”按钮，如图4-12所示。在“添加设备”界面，填写设备名称为“畜牧养殖”，并选择“TCP”通信协议，填写完成后，单击“确定添加设备”按钮，如图4-13所示。

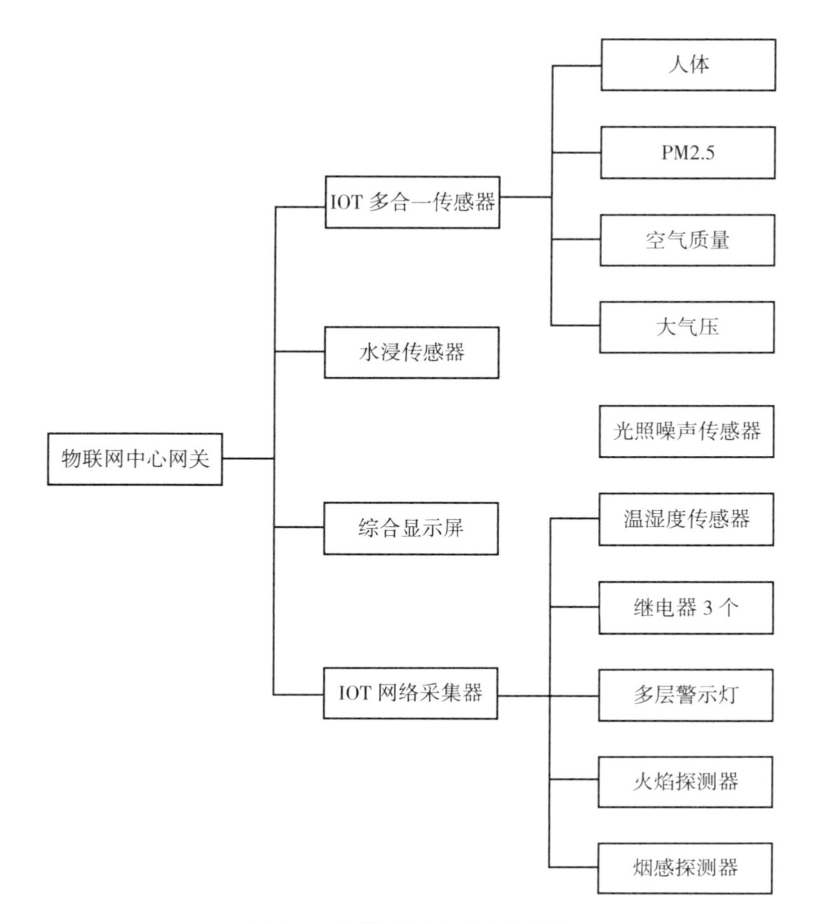

图 4-7　物联网中心网关页面配置

图 4-8　物联网云服务平台登录界面

物联网云
NLECloud
北京新大陆时代科技有限
公司
平台首页
发现应用
数据统计
开发文档
开发者中心
硬件资料
关于我们
187****9165
老师
2020全国大学生
物联网设计竞赛

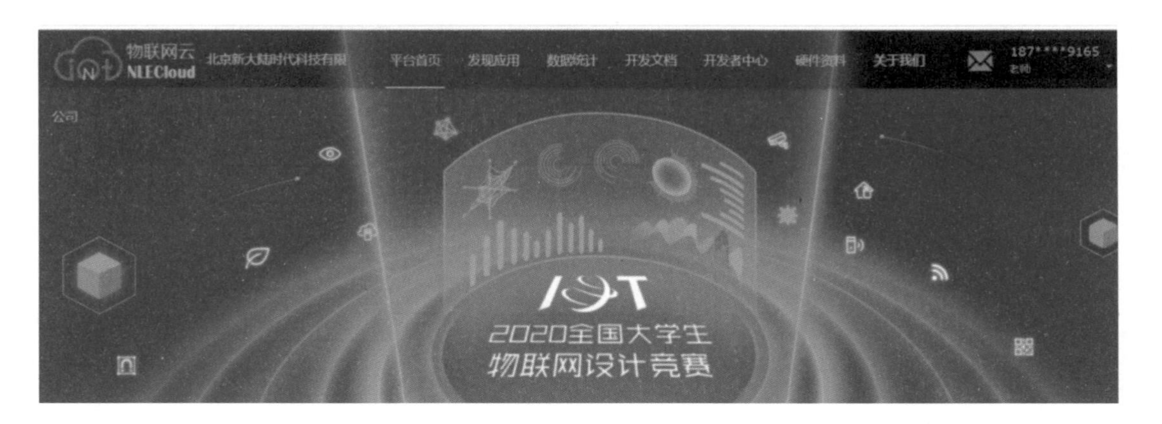

图 4-9　物联网云服务平台个人中心界面

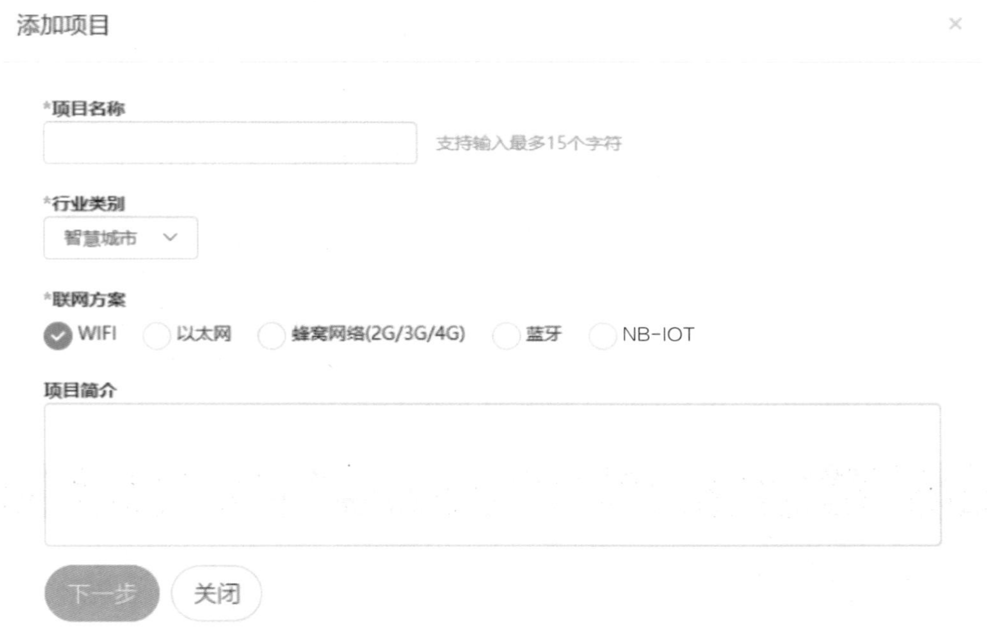

添加项目
*项目名称
支持输入最多15个字符
*行业类别
智慧城市
*联网方案
WIFI
以太网
蜂窝网络(2G/3G/4G)
蓝牙
NB-IOT
项目简介
下一步
关闭

图 4-10　物联网云服务平台新增项目

⑤生成设备信息列表，如图4–14所示。

⑥设备管理。在查询输入框中，输入所要查询的设备名称，单击“查询”按钮，就可查询到所需要的设备，这里的查询是对设备名称的模糊查询，如图4–15所示。

⑦选择一条已经存在的网关，单击“编辑”按钮，可修改网关，如图4–16和图4–17所示。

编辑

图 4-11　填写项目信息

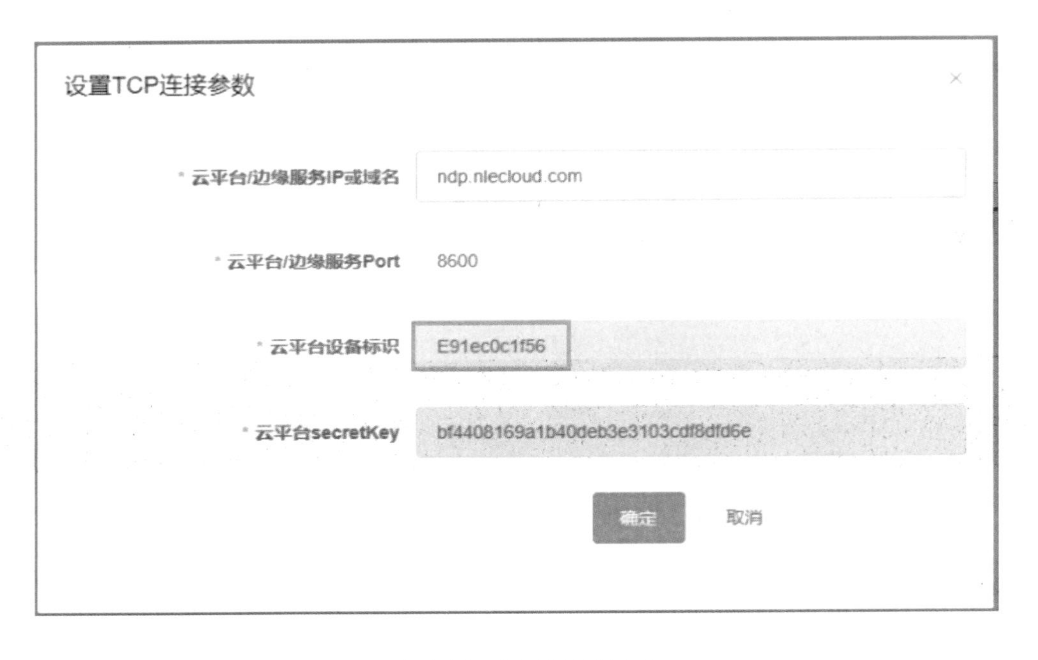

图 4-12　设置 TCP 连接参数

添加设备

*设备名称
畜牧养殖
支持输入最多30个字符

*通信协议
TCP　MQTT　CoAP　HTTP　LWM2M　ModbusTCP　TCP透传

*设备标识
E9243afcd1a
英文、数字或其组合6到30个字符 解绑被占用的设备

数据保密性
公开(访客可在浏览中阅览设备的传感器数据)

数据上报状态
马上启用（禁用会使设备无法上报传感数据）

确定添加设备　关闭

图 4-13　添加设备

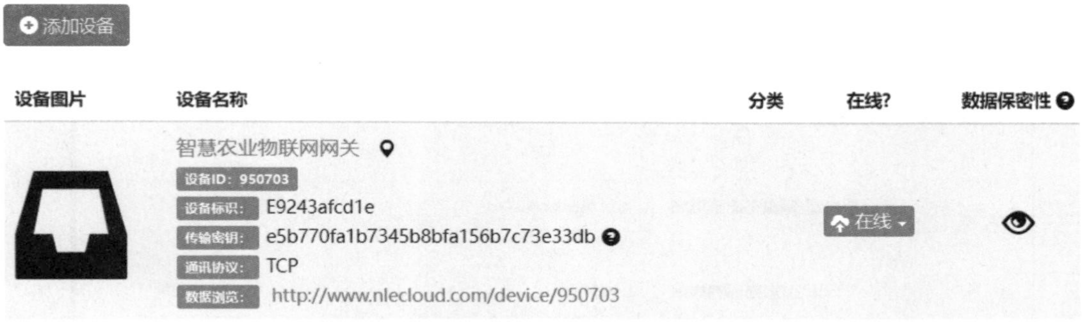

添加设备

设备图片	设备名称	分类	在线?	数据保密性
	智慧农业物联网网关 设备ID：950703 设备标识：E9243afcd1e 传输密钥：e5b770fa1b7345b8bfa156b7c73e33db 通讯协议：TCP 数据浏览：http://www.nlecloud.com/device/950703		在线	

图 4-14　物联网云服务平台设备信息

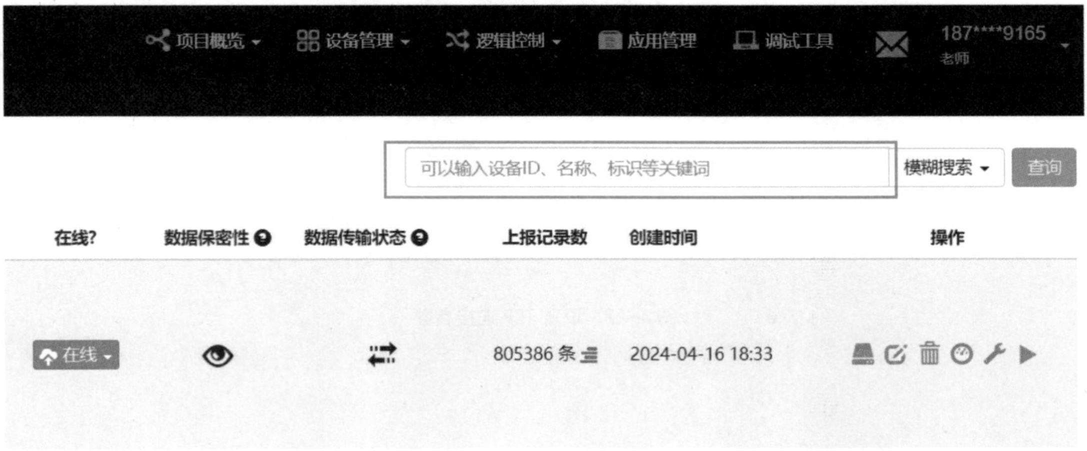

项目概览　设备管理　逻辑控制　应用管理　调试工具　187****9165 老师

可以输入设备ID、名称、标识等关键词　模糊搜索　查询

在线?	数据保密性	数据传输状态	上报记录数	创建时间	操作
在线			805386 条	2024-04-16 18:33	

图 4-15　物联网云服务平台设备管理界面

图 4-16　物联网云服务平台网关管理界面

图 4-17　物联网云服务平台网关编辑界面

⑧连接好传感器和执行器设备之后，对网关进行配置，并把设备上电。等到云平台的设备上线（即红色框中的图标显示为绿色），如图4-18所示。

图 4-18　物联网云服务平台设备管理

⑨网关连接器部分都设置好之后，在云平台设备传感器页面中的“通信协议”框格下方，单击“数据流获取”按钮，进行传感器和执行器的自动添加，如图4-19所示。

图 4-19　物联网云服务平台通信协议

⑩单击“下发设备”按钮，选择“实时数据开”，可获得各个传感器的数据并控制执行器，如图4-20所示。

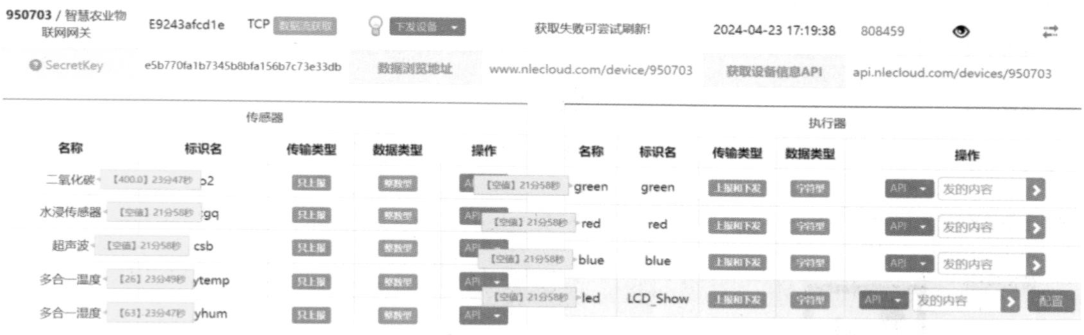

图 4-20　物联网云服务平台传感器和执行器管理

⑪监控实时传感器数据。单击设备名称进入相应设备传感器界面，单击“下发设备”后的向下小箭头，打开实时数据开关，数据收发正常的传感器和执行器会显示数据及发送时间，离线或故障的设备会提示“无数据”，如图4-21所示。

⑫查询历史数据。

通过单击设备传感器界面右上角“历史在线”及“历史数据”，可以查询设备历史在线情况及各传感器的历史数据，如图4-22所示。

历史在线情况记录了设备的状态、连接协议、服务端口、上下线IP、地区以及下线类型，特别需要关注异常退出和超时退出情况，并进行记录，如图4-23所示。

另外，历史数据包括传感ID、传感名称、传感标识名以及传感值等信息。由于物联网系统中传感信息的频繁收发，可以根据需求采用以下3种方式进行查询：默认按时间排序查询、选择指定的传感器进行查询、指定时间段进行查询，如图4-24所示。

图 4-21　物联网云服务平台实时传感器数据

图 4-22　物联网云服务平台实时传感数据

记录ID	记录时间	传感ID	传感名称	传感标识名	传感值/单位	设备标识
76573291	2024-04-23 17:12:44	5957271	光照传感器	guangzhao	20000.0 lx	E9243afcd1
76573290	2024-04-23 17:12:44	5957270	大气压力传感器	daqi	83.24 kpa	E9243afcd1
76573289	2024-04-23 17:12:44	5957269	风速传感器	fengsu	0.48 m/s	E9243afcd1

图 4-23　物联网云服务平台异常和超时退出情况

记录ID	记录时间	传感ID	传感名称	传感标识名	传感值/单位	设备标识
76573291	2024-04-23 17:12:44	5957271	光照传感器	guangzhao	20000.0 lx	E9243afcd1e
76573290	2024-04-23 17:12:44	5957270	大气压力传感器	daqi	83.24 kpa	E9243afcd1e
76573289	2024-04-23 17:12:44	5957269	风速传感器	fengsu	0.48 m/s	E9243afcd1e
76573288	2024-04-23 17:12:44	5957268	湿度	m_shidu	45.16 %RH	E9243afcd1e
76573287	2024-04-23 17:12:44	5957267	温度	m_wendu	47.56 ℃	E9243afcd1e
76573286	2024-04-23 17:12:44	5957262	百叶箱湿度	byx_shidu	81 %RH	E9243afcd1e
76573285	2024-04-23 17:12:43	5957257	多合一湿度	dhyhum	68	E9243afcd1e
76573284	2024-04-23 17:12:43	5957261	百叶箱温度	byx_temp	21.7 ℃	E9243afcd1e
76573283	2024-04-23 17:12:43	5957271	光照传感器	guangzhao	20000.0 lx	E9243afcd1e

图 4-24　物联网云服务平台历史传感器数据

二、设置策略

设置策略时，应根据实际需求来填写相应的值，以下策略的数据为演示数据。

1.上电策略

二氧化碳浓度小于30，三色灯绿色上电开启，如图4-25所示。

图 4-25　物联网云服务平台上电策略

2.断电策略

二氧化碳浓度大于30，三色灯绿色上电关闭，如图4-26所示。

图 4-26　物联网云服务平台断电策略

三、远程监控设备运行情况

大部分的云平台或者专用的系统都能够对设备运行情况进行全局监控。本任务以新大陆云平台为例介绍如何监控设备在线情况、监控实时传感数据及查询历史数据（以下内容只介绍相应界面，具体设备情况应根据实际情况判断）。

在设备管理页面可查看各设备的在线情况，如图4-27所示，可知NB设备离线，边缘网关、LoRa网关设备在线。

四、开发Web应用程序

通过Web应用，用户可以将采集到的海量数据转化为直观的图表和仪表盘，将实时数据展示在网页上，轻松查看温度、湿度和空气质量的变化趋势，通过观察数据变化，使用浏览器远程添加、删除和配置设备，无须在设备旁边操作。

Web应用允许多个用户同时访问和操作，并集成多层次的安全措施，确保系统的安全和数据的隐私，提高团队协作效率。

Web应用开发流程如下：

图 4-27　物联网云服务平台设备在线情况

1.创建应用

（1）新增应用

进入云平台项目设备管理页面，单击右上角“应用管理”，单击“新增应用”，进入应用编辑界面，如图4-28和图4-29所示。

图 4-28　物联网云服务平台应用管理

（2）编辑应用

设置“应用名称”为“畜牧养殖”，“应用标识”只能是英文组合的唯一标识，需要自行命名，“分享设置”自行选择是否公开，“应用徽标”可以选择上传个性化图标，单击

“确定”完成应用编辑，如图4-30所示。

图 4-29　物联网云服务平台新增应用

图 4-30　物联网云服务平台编辑应用

2.设计并发布应用

在畜牧养殖系统应用中，单击“设计”，进入项目编辑器，如图4-31所示。

图 4-31　物联网云服务平台设计应用

物联网应用设计需要根据需求，将相应的数据及功能展示在界面上。本任务需要展示二氧化碳传感器、多合一温度传感器、百叶箱温湿度及噪声传感器的数值。上传一张图片作为背景，将边缘网关设备下的二氧化碳传感器、多合一温度传感器、百叶箱温湿度及噪声传感器等所需的组件拖至中间主设计面板，排列整齐，如图4–32所示。单击“保存”，并发布应用，如图4–33所示。

图 4-32　物联网云服务平台应用发布（1）

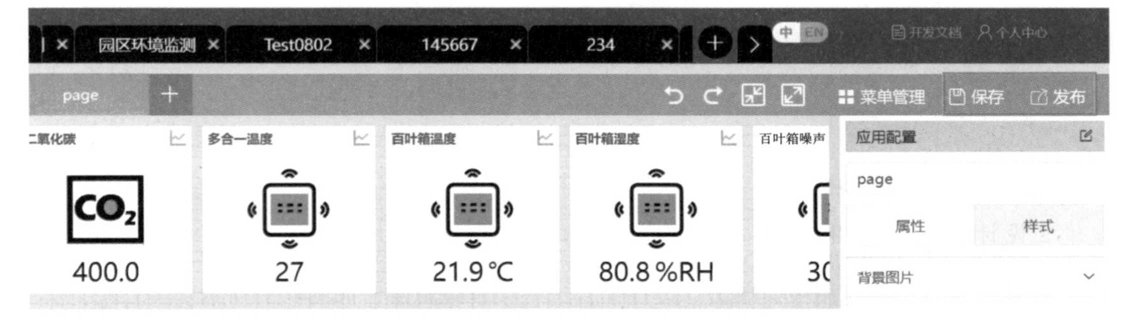

图 4-33　物联网云服务平台应用发布（2）

3.查看结果

在畜牧养殖系统应用中，单击“浏览”，查看应用，如图4–34所示。Web应用程序展示时，应用数据与云平台数据同步，如图4–35所示。

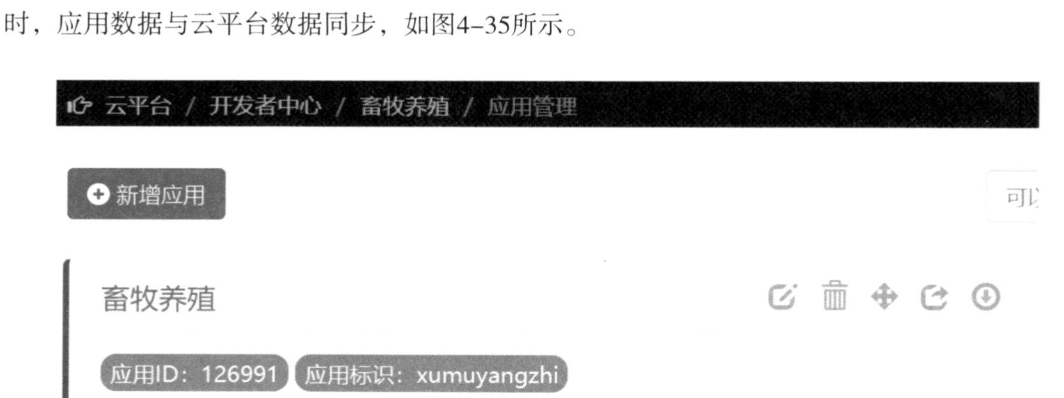

图 4–34　物联网云服务平台应用浏览

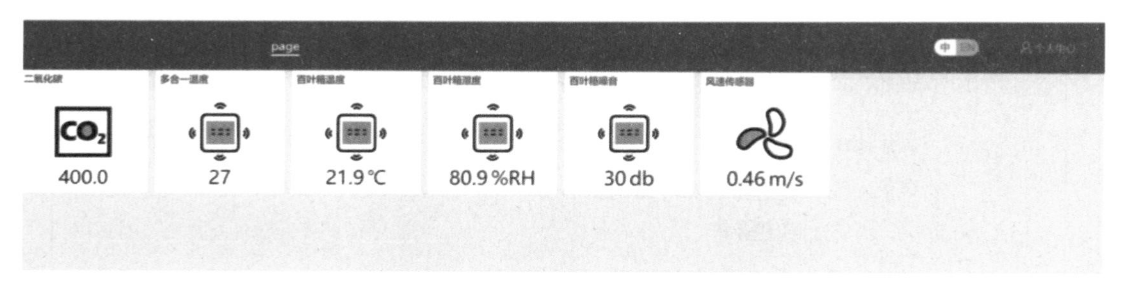

图 4–35　物联网云服务平台应用浏览详情

任务工单

项目四	畜牧养殖系统云平台效果展示与项目验收	
任务一	畜牧养殖系统云平台效果展示	
班级：		小组：
姓名：		学号：
分数：		

续表

1. 任务实施完成情况

若每个任务顺利完成则在“完成情况”处打“√”，否则打“×”，并在“备注”中写出未完成内容。

任务	任务内容	完成情况	备注
①设备工位布局	设备安装牢固，设备安装区域正确，设备对齐、均匀排布、间距美观		
②设备连线	线路连接是否正确、整齐美观，线束装入线槽，所有线槽都盖好		
③设备参数配置	路由器、物联网中心网关、串口服务器设备参数配置是否正确		
④设备功能调试	物联网中心网关数据监控页面是否获取传感器数据		
⑤云平台参数配置	同步物联网网关的设备信息，根据实际环境配置相应参数		

2. 任务检查与评价

评价项目	评价内容		配分/分	评价方式		
				自我评价	互相评价	教师评价
理论知识（20分）	畜牧养殖系统云平台的应用		10			
	畜牧养殖系统云平台的设备管理和功能		10			
专业技能（60分）	前置环境准备	按清单准备畜牧养殖系统设备	5			
		熟悉系统拓扑结构图和安装部署图	5			
	设备安装与连线	依据电气接线图接入相关设备	5			
	配置网络设备	参考局域网设备IP配置表，设置设备地址和端口划分	5			
	配置物联网中心网关页面	创建4个“新增连接器”，分别为IOT网络采集器、IOT多合一传感器、综合显示屏、水浸传感器；再分别新增下属传感器设备	10			
	配置云平台	创建一个畜牧养殖项目，设置TCP连接参数，添加相应设备	10			

续表

评价项目	评价内容		配分/分	评价方式		
				自我评价	互相评价	教师评价
专业技能（60分）	配置云平台	使用云平台设备管理的功能，连接好传感器和执行器设备，配置网关，设备上电，开启实时数据流	10			
		监控实时传感数据、查询历史数据，根据实际需求设置上电、断电策略，云平台远程全局监控设备在线情况	5			
		开发Web应用程序，创建、编辑、设计并发布应用，进行应用浏览	5			
素养能力（20分）	安全操作与工作规范	操作过程中严格遵守安全规范，注意断电操作，正确使用防静电设备，每处不规范操作扣1分	5			
		严格执行“6S”管理规范，积极主动完成工具设备整理	5			
	学习态度	认真参与教学活动，课堂互动积极	3			
		严格遵守学习纪律，按时出勤	3			
	合作与展示	小组之间交流顺畅，合作成功	2			
		语言表达能力强，能够正确陈述基本情况	2			
合计			100			

续表

3. 任务自我总结

任务过程中遇到的问题	解决方式

任务小结

本任务展示了畜牧养殖系统云平台的应用效果。通过本任务的学习，学生可掌握物联网云平台的起源与发展、云平台的应用、云平台的功能等，能正确搭建并配置云平台，并远程监控设备运行情况，开发Web应用程序。本任务相关知识和技能的思维导图如图4-36所示。

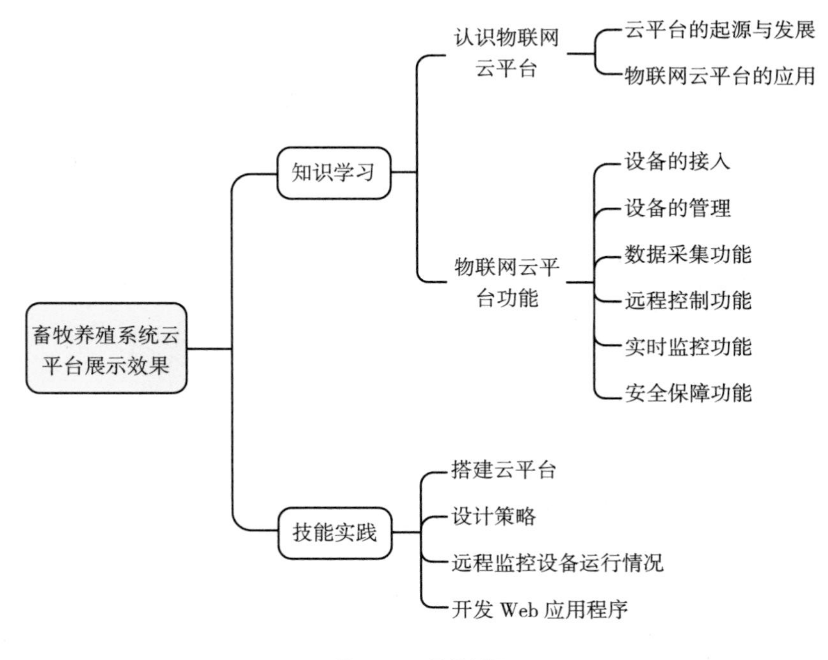

图 4-36　思维导图

任务拓展

通过本任务的学习，亲自体验了畜牧养殖系统云平台的功能，请根据体验情况，完成表4–5。

表 4–5 畜牧养殖系统云平台分析表

序号	内容	优点	缺点
1	平台界面		
2	平台功能		
3	平台操作情况		
4	数据采集量的完整情况和采集速度情况		

畜牧养殖系统云平台项目验收

任务描述

养殖户小王作为“智慧畜牧”云平台项目的试点用户，感受到了云平台带来的巨大变化。在试运行3个月后，“智慧畜牧”云平台公司派技术员小张来到小王的养殖场进行验收。小张根据云平台项目的验收要点，仔细查看了养殖场每一个角落安装的传感器和摄像头，以及在云平台上查看了上传的实时数据情况，并对云平台系统进行了全面的测试，检验了云平台的预警和应对能力。

任务要求

◎ 应严格按照验收要求或验收手册进行验收，包括数量清点、功能测试、性能指标、数据的完整性和准确性等。

◎ 对于发现的问题或异常情况，应及时记录并上报，与项目验收方沟通解决。

任务目标

知识目标

- 能描述畜牧养殖系统云平台的验收流程和标准。
- 能描述畜牧养殖系统云平台的技术要求和规范。
- 能描述畜牧养殖系统云平台的经济效益评估方法。

能力目标

- 能对畜牧养殖系统云平台的各项功能进行测试。
- 能正确编写和整理验收过程中产生的验收记录、设备验收报告、问题与解决方案。

素养目标

- 培养做事公正公平的意识。
- 提升责任意识、质量意识和安全意识。

智慧畜牧之路

在辽阔的草原深处，有一个名叫“智慧牧场”的畜牧养殖系统云平台项目正迎来它的验收之日。此时，阳光洒在绿油油的草地上，牛羊正在悠闲地吃着青草。项目负责人李工和他的验收团队一起，走进了牧场的“超级大脑”——信息中心。在这里，高清的大屏幕上实时显示着牧场内各个区域的温度、湿度、动物健康状态等数据。

李工回忆起该项目刚启动时的情景。那时，他们面临着技术难题、资金压力等诸多挑战。但他和他的团队凭借着对畜牧业的热爱和对科技的信任，一步步克服了所有困难，终于让这个项目落地生根。

验收过程中，验收团队对平台的各项功能进行了严格测试。从动物识别、健康监测，到饲料投喂、环境控制，每一个环节都经过了细致的检验。结果显示，平台运行稳定，各项功能完善，大大提高了牧场的管理效率和动物的生活质量。

当验收报告上的“合格”两字映入眼帘时，李工和团队成员都露出了欣慰的笑容。他们知道，这不仅仅是一个项目的成功验收，更是智慧畜牧之路上的一个重要里程碑。他们相信，在科技的助力下，畜牧业将迎来更加美好的未来。

任务准备

一、畜牧养殖系统云平台验收规范

1.项目验收意义

畜牧养殖系统云平台项目验收的意义，在于确保系统经过严格测试与评估后，能够稳定、高效地支持畜牧养殖企业的运营需求，保障数据安全和系统性能，是确保项目的成功实施和有效运行不可或缺的一个环节。

第一，验收是项目质量有效保证的最后一个环节，它能确保云平台系统具备畜牧养殖企业所需的功能和性能，满足实际业务需求。

第二，验收是客户满意度的保障，通过实地测试和评审，确保系统符合用户的期望和操作习惯，提升用户满意度。

验收是项目合规性的体现，确保云平台系统的设计和实施符合相关法律法规和行业标准，避免法律风险。

验收也是项目收尾的标志，标志着项目从开发阶段顺利过渡到运维阶段，为后续的运营和维护奠定坚实基础。

2.项目验收流程

畜牧养殖系统云平台验收规范和项目验收流程因项目规模、涉及领域和具体需求而有所不同。但通常来说，畜牧养殖系统云平台验收规范和项目验收流程包括以下几个步骤：

①需求分析：根据项目合同、技术协议以及用户需求说明书等，对项目的功能需求进行细化，并确定验收的具体内容和标准。

②制订验收计划：根据项目的实际情况，制订验收计划，包括验收目标、验收范围、验收方法、验收时间、验收人员等。

③自检与整改：在项目实施过程中，项目组应对自己的工作进行自检，及时发现和整改问题。

④初步验收：项目组应向项目验收方提交初步验收申请，并接受项目验收方的初步验收。

⑤正式验收：如果初步验收通过，项目组可以向项目验收方提交正式验收申请，并接受项目验收方的正式验收。

⑥验收结果处理：根据验收结果，对项目进行整改、完善或交付用户使用。

总之，畜牧养殖系统云平台验收规范和项目验收流程是确保畜牧养殖系统云平台质量和性能的重要环节。

3.项目验收依据

项目验收依据主要包括以下几个方面：

①项目合同和技术协议：这是项目验收的重要依据之一，包括项目的目标、范围、要求、进度、质量、验收标准等。

②国家和行业标准：畜牧养殖系统云平台验收应符合国家和行业的相关标准，如数据传输协议、网络安全标准、系统性能指标等。

③用户需求说明书：这是项目验收的重要依据之一，应详细描述用户的需求和期望，以便项目组和项目验收方进行验收。

④验收计划和规范：这是项目验收的具体依据，包括验收目标、范围、方法、时间、人员等，以及各种测试和评估的标准和方法。

⑤测试和评估报告：在项目实施过程中，应对系统的各项功能和性能进行测试和评估，并生成相应的报告。这些报告可以作为项目验收的重要依据之一。

总之，畜牧养殖系统云平台验收依据主要包括项目合同和技术协议、国家和行业标准、用户需求说明书、验收计划和规范以及测试和评估报告等。在项目验收过程中，应严格遵守相关规范和标准，确保验收工作的公正、客观和准确。

4.项目验收要求

项目验收要求主要包括以下几个方面：

①功能要求：验收时应确保畜牧养殖系统云平台的各项功能符合需求，包括设备的性能、稳定性和可靠性等方面，能够完成预定的任务和目标。

②数据要求：对畜牧养殖系统云平台中的数据进行验收，包括数据的采集、传输、处理和应用等方面。确保数据的完整性和准确性，以及数据处理的及时性和有效性。

③性能要求：验收时应测试畜牧养殖系统云平台的性能指标，如响应时间、处理速度、数据传输速率等，能够满足用户的使用需求。

④安全性要求：验收时应评估畜牧养殖系统云平台的安全性，包括网络安全、数据安全、系统安全等方面，确保系统的安全性符合要求，能够实现数据的保密性和完整性。

⑤兼容性要求：验收时应考虑畜牧养殖系统云平台与其他系统的兼容性，确保能够与其他系统进行有效的数据交换和协同工作。

⑥文档要求：验收时应确保畜牧养殖系统云平台的相关文档齐全、完整、准确，包括系统说明书、操作手册、维护手册等，方便用户的使用和维护。

总之，畜牧养殖系统云平台验收规范中的项目验收要求包括功能、性能、安全性、兼容性、文档和验收流程等方面。在项目验收过程中，应注重与用户的沟通和协调，及时解决用户问题和需求，提高用户满意度。

畜牧养殖系统云平台验收要点

二、畜牧养殖系统云平台验收要点

1.数量清点验收

畜牧养殖系统云平台验收分类中的数量清点验收，主要是对畜牧养殖系统云平台中的设备、组件或物品的数量进行清点和核对，确保其与招标合同中规定的数量一致。

具体而言，数量清点验收包括以下步骤：

①制订清点计划：根据招标合同和验收规范，制订详细的清点计划，明确需要清点的设备、组件或物品的名称、规格、数量等参数。

②现场清点：按照清点计划，对畜牧养殖系统云平台中的设备、组件或物品进行现场清点，记录实际数量，避免出现混淆或错误。

③核对与差异分析：将实际清点的数量与招标合同中规定的数量进行核对，分析差异情况。如有差异，需要进一步调查和分析，确定原因和处理措施。

④报告与记录：将清点结果和差异分析报告提交给项目验收方，并进行必要的记录和存档。

⑤签字确认：在数量清点验收完成后，由验收人员签字确认验收结果。如果存在数量不符或其他问题，应注明并要求项目验收方解决后再进行确认。

通过数量清点验收，可以确保畜牧养殖系统云平台项目中的所有交付项目都与合同或订单中的要求一致，为后续的功能验收和性能测试奠定基础。

2.功能验收

在功能验收方面，主要需要考虑以下几个方面：

①监控采集功能：验证系统是否能够通过传感器、无线采集终端、智能水/电表等相关感知类设备，实时、准确地采集养殖环境的各项数据，如温度、湿度、空气质量、粉尘、光照度等。同时，检查数据是否能够无线传输到控制中心，并同步上传到云平台。

②远程智能管理功能：验证云平台是否能够实现远程、智能管理畜牧养殖系统的各项功能，包括养殖策略的调整、数据波动的监控、视频监控的查看与调控等。确保用户能够通过云平台方便地管理养殖场的各项工作。

③实时场景功能：验证云平台是否能够根据养殖场的实际布局情况，重现养殖场平面图，并展示各项数据。同时，接入到监控大屏后，是否能够同时查看养殖场内各个养殖舍的运行数据，确保用户能够全面了解养殖场的整体情况。

④稳定性与可靠性：验证系统的稳定性和可靠性，包括系统是否能够长时间稳定运行、数据传输是否准确可靠、系统是否具备故障自恢复能力等。这是确保畜牧养殖系统云平台能够长期稳定运行的重要保障。

⑤易用性与可扩展性：验证系统的易用性和可扩展性，包括系统界面是否友好、操作是否简便、系统是否具备扩展功能等。这是确保用户能够方便地使用系统，并根据实际需求进

行功能扩展的重要保障。

在验收过程中，需要针对以上方面进行全面、细致的检查和测试，确保畜牧养殖系统云平台的功能符合实际需求，并稳定运行。

任务实施

一、验收畜牧养殖系统的硬件设备数量

需要对畜牧养殖系统的硬件设备数量进行验收，验收清单见表4–6。对设备名称和数量依次核对，若无问题，在核对栏的方框中打“√”，若有问题，在核对栏的方框中打“×”。

表 4–6　畜牧养殖系统硬件设备验收清单

序号	设备 / 资源名称	数量	核对	备注
1	无线路由器	1 个	□	
2	物联网中心网关	1 个	□	
3	交换机	1 个	□	
4	LoRa 网关	1 个	□	
5	串口服务器	1 个	□	
6	IOT 网络数据采集模块	1 个	□	
7	New Sensor（甲烷）通用版	1 个	□	
8	可燃气体 NB–IOT 模块	1 个	□	
9	多合一传感器	1 个	□	
10	光照噪声传感器	1 个	□	
11	温湿度传感器	1 个	□	
12	继电器	3 个	□	
13	多层警示灯	1 个	□	
14	综合显示屏	1 个	□	
15	水浸传感器	1 个	□	
16	火焰探测器	1 个	□	
17	烟感探测器	1 个	□	
时间		负责人签字		

二、填写畜牧养殖系统设备安装调试记录

系统设备安装调试记录是确保设备正确安装并顺利运行的重要文档，它记录了从设备到货、开箱检查、安装过程、调试步骤到最终验收的每一个环节。在任务一的基础上，按照验收要求整理、归档资料，并填写系统设备安装调试记录，见表4-7。

表 4-7　畜牧养殖系统设备安装调试记录

时间	安装过程记录事项	人员	负责人签字	备注
	（系统硬件设备安装部署：要求对设备安装前、中、后的过程进行拍照存档）			
	（系统硬件设备布线：要求对设备接线完成后进行拍照存档）			
	（系统设备调试：要求对系统调试过程进行拍照存档）			
	（系统软件界面运行记录：要求对软件运行界面进行截图存档）			
	（验收资料归档：要求生成 PDF 电子版存档）			
验收资料要求：将资料分类整理，按时间顺序或主题进行排序，建立索引和目录，方便查询；请供货方仔细阅读合同及招标要求，严格按要求做好验收前的准备工作				

三、完成畜牧养殖系统验收报告

在畜牧养殖系统验收报告（表4–8）中详细填写设备的商品名称、品牌及产地、规格型号、数量、单位、单价、总价、制造商名称等信息，还要填写系统已经实现的功能，将所有内容与合同进行比对，验收组成员在验收报告中填写结论，确定验收是否合格。

表 4–8　验收报告

<table>
<tr><td colspan="9">________________（系统名称）验收报告</td></tr>
<tr><td colspan="9">设备采购
项目号：　　　　计量单位：元</td></tr>
<tr><td>序号</td><td>商品名称</td><td>品牌及产地</td><td>规格型号</td><td>数量</td><td>单位</td><td>单价</td><td>总价</td><td>制造商名称</td></tr>
<tr><td>1</td><td>75 寸 触摸屏</td><td>立帆 / 东莞</td><td>GQ–MJB–75H</td><td>2</td><td>台</td><td>700</td><td>1 400</td><td>东莞市勤冠电子科技有限公司</td></tr>
<tr><td></td><td></td><td></td><td></td><td></td><td></td><td></td><td></td><td></td></tr>
<tr><td></td><td></td><td></td><td></td><td></td><td></td><td></td><td></td><td></td></tr>
<tr><td></td><td></td><td></td><td></td><td></td><td></td><td></td><td></td><td></td></tr>
<tr><td colspan="9">合计人民币（小写）：</td></tr>
<tr><td colspan="9">合计人民币（大写）：</td></tr>
<tr><td colspan="2">系统功能</td><td colspan="7"></td></tr>
<tr><td colspan="9">验收组意见：经验收小组验收，__________（系统名称）的产品、规格型号、数量、功能与合同________（一致 / 不一致），验收________（合格 / 不合格）。</td></tr>
<tr><td colspan="9">验收组成员签字：</td></tr>
<tr><td colspan="9">单位负责人签字：</td></tr>
<tr><td colspan="9">甲方法人或授权代表（签字）：　　　　乙方法人或授权代表（签字）：</td></tr>
<tr><td colspan="9">甲方：　　　　乙方：</td></tr>
</table>

任务工单

项目四	畜牧养殖系统云平台效果展示与项目验收	
任务二	畜牧养殖系统云平台项目验收	
班级：		小组：
姓名：		学号：
分数：		

1. 任务实施完成情况

若每个任务顺利完成则在“完成情况”处打“√”，否则打“×”，并在“备注”中写出未完成内容。

任务	任务内容	完成情况	备注
①明确验收流程和验收要求	明确项目验收流程和验收要求，掌握关键要点		
②准备验收资料	按照验收要求，分类准备齐全的验收资料		
③进行项目验收	严格按照验收要求或验收手册进行验收		
④验收资料汇总与整理	对验收过程中产生的验收记录、设备验收报告、问题与解决方案进行编写和整理		

2. 任务检查与评价

评价项目	评价内容		配分/分	评价方式		
				自我评价	互相评价	教师评价
理论知识（20分）	项目验收意义		5			
	项目验收流程		5			
	项目验收依据		5			
	项目验收要求		5			
专业技能（60分）	准备验收资料	按照验收要求，分类准备齐全的验收资料	10			
		验收资料分类醒目	10			
	进行项目验收	严格按照验收要求或验收手册进行数量清点验收	10			
		严格按照验收要求或验收手册进行功能验收	10			
	发现问题或异常情况	对于发现的问题或异常情况，应及时记录并上报，与项目验收方沟通解决	10			

续表

评价项目	评价内容		配分/分	评价方式		
				自我评价	互相评价	教师评价
专业技能（60分）	验收资料汇总与整理	对验收过程中产生的验收记录、设备验收报告、问题与解决方案进行编写和整理	10			
素养能力（20分）	安全操作与工作规范	操作过程中严格遵守安全规范，注意断电操作，正确使用防静电设备，每处不规范操作扣1分	5			
		严格执行“6S”管理规范，积极主动完成工具设备整理	5			
	学习态度	认真参与教学活动，课堂互动积极	3			
		严格遵守学习纪律，按时出勤	3			
	合作与展示	小组之间交流顺畅，合作成功	2			
		语言表达能力强，能够正确陈述基本情况	2			
合计			100			

3. 任务自我总结

任务过程中遇到的问题	解决方式

任务小结

本任务介绍了畜牧养殖系统云平台的验收规范和验收要点。通过本任务的学习，学生可根据设备/工具清单，进行系统验收，并能写出畜牧养殖系统云平台验收报告。本任务相关知识和技能思维导图如图4-37所示。

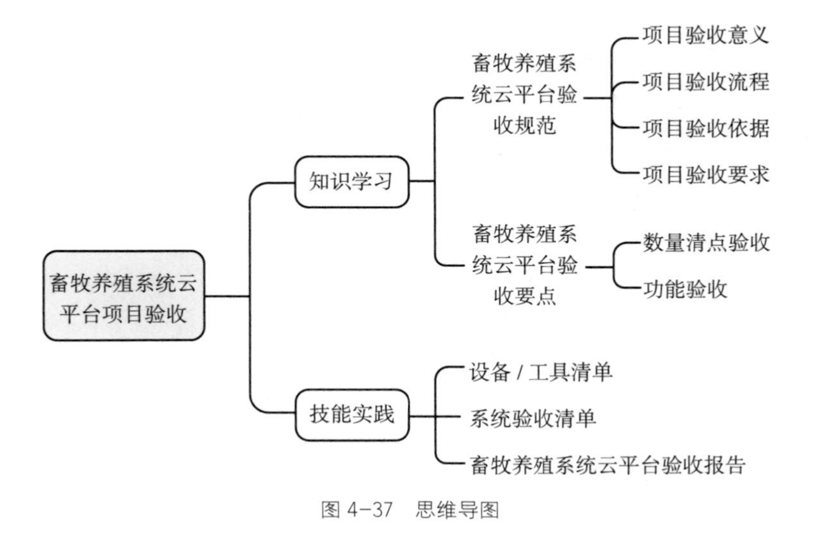

图 4-37　思维导图

任务拓展

请收集用户在使用畜牧养殖系统云平台过程中的反馈意见，分析用户需求，为平台的功能升级和全面优化提供有力参考和支撑。